Peter Krause

Anthropposophische Grundlagen der biologisch-dynamischen Landwirtschaft

Band III: Der Landwirtschaftliche Kurs (2)

Peter Krause

Anthroposophische Grundlagen der biologisch-dynamischen Landwirtschaft

Band III: Der Landwirtschaftliche Kurs (2)

INFO3 VERLAG

Diese Publikation ist zugleich Arbeitsmaterial für den Fernkurs
„Anthroposophische Grundlagen der biologisch-dynamischen Landwirtschaft“
www.biodyn-fernkurs.de

Peter Krause
Anthroposophische Grundlagen der biologisch-dynamischen Landwirtschaft,
Band III: Der Landwirtschaftliche Kurs (2)

Herausgegeben von der Arbeitsgemeinschaft für Biologisch-Dynamische Wirtschaftsweise
Nordrhein-Westfalen e.V. (Demeter NRW)

ISBN 978-3-95779-186-3

Erste Auflage 2023

Fachliche Beratung: Marcel Waldhausen, Hattingen
Lektorat: Cornelia Keusemann, Herdecke
Korrektorat: Ramon Brüll, Frankfurt am Main
Umschlag: Frank Schubert, Frankfurt am Main
Titelfoto: iStock
Satz: Ulrich Schmid, de·te·pe, Aalen
Druck: Aalexx Druck Produktion, Großburgwedel

Hinweise zur Benutzung

Über den Text verteilt finden Sie Übungsaufgaben, mit denen Sie den eigenen Lernfortschritt überprüfen können. Die Lösungen zu diesen Aufgaben finden Sie im Anhang vom Buch.

Ein Stichwortverzeichnis zu allen drei Bänden unserer Reihe finden Sie im Anhang vom dritten Band.

Wir verweisen immer wieder auf weiterführende oder erläuternde Texte, und zwar so:

[1] Hochgestellte Ziffern verweisen auf den Nachweis der Zitate im vorliegenden Buch

(→ 1.1) Verweis auf ein anderes Unterkapitel im vorliegenden Buch

(→ Band 1: 1.1) Verweis auf ein Unterkapitel in einem anderen Band unserer Reihe

(1,1) Verweis auf einen Absatz im *Landwirtschaftlichen Kurs*, hier: 1. Vortrag, 1. Absatz

(F1,1) Verweis auf einen Absatz im *Landwirtschaftlichen Kurs*, hier: 1. Fragenbeantwortung, 1. Absatz

(B1) Verweis auf einen Absatz im *Landwirtschaftlichen Kurs*, hier: Bericht von Rudolf Steiner am 20.06.1924, 1. Absatz

Die Zitate aus dem *Landwirtschaftlichen Kurs* stammen aus der gebundenen Ausgabe des Jahres 2022. Wir geben Vortrag/Fragenbeantwortung/Bericht und die Nummer eines Absatzes an, wobei wir bei den Fragenbeantwortungen für die Zählung nur die Wortlaute Rudolf Steiners berücksichtigen.

Inhalt

TEIL 2
Landwirtschaftlicher Kurs (II)

TEIL 3
Landwirtschaftliche Anthroposophie

TEIL 4
Ein Blick in die Praxis

ANHANG

Vorab

Alles Entstandene ist Ausdruck einer zugrundeliegenden Idee. Das gilt für alle Lebewesen und jede gegenständliche Erscheinung. Unser Wahrnehmen der Welt lässt sich verfeinern, wenn wir dieser Tatsache nachgehen. Mit einiger Übung gewinnen wir dadurch vielleicht bald schon eine Ahnung von dem, was gemeinhin als „Geist" bezeichnet wird. Dabei geht es nicht nur um menschliche Genialität, die in Häusern, Städten und Straßen, oder die in Gebrauchsgegenständen, Kunstwerken und Maschinen zum Ausdruck kommt, sondern auch um den Geist im Großen und Ganzen der Natur. Das Leben an sich, das Werden und Vergehen, die ordnenden Prinzipien im dauernden Wandel, sie sind ebenfalls Ausdruck einer Geistigkeit ohne die nichts und niemand jemals existiert.

Besonders das jahreszeitliche Geschehen, mit dem die Landwirtschaft so stark verbunden ist wie sonst kaum ein anderer Bereich des menschlichen Lebens, lädt dazu ein, dem Geistigen im Weltlichen zu begegnen. Die Absichten und das Gewollte reichen aber stets nur bis zu jenem Punkt, von dem aus das Zusammenspiel von Sonne, Wetter und Wind das weitere Werden übernimmt. Die Saat kann nur in den Boden gelegt werden, dann ist die Natur am Zug. Der landwirtschaftlichen Arbeit liegt darum bestenfalls eine besondere und sehr bewusste Hingabe an die Lebensprozesse der Natur zugrunde, die ihrerseits für den Menschen sorgt. Dieses Zusammenwirken von Mensch und Natur kann feierlich begangen werden, wenn die Jahreszeiten von Jahresfesten begleitet sind. An manchen Orten ist das sinnvollerweise als Ausdruck der landwirtschaftlichen Anthroposophie der Fall. Darum geht es im ersten Teil dieses Buches.

Wir werden darauf schauen, wie die phänologischen (griechisch φαίνο|μαι phaíno|mai „ich erscheine" und -logie) Jahreszeiten mit dem Kreis der christlichen Jahresfeste zusammengedacht werden können. Im *Landwirtschaftlichen Kurs* Rudolf Steiners ist gar von einer besonderen Festeszeit die Rede, die es bisher so noch nicht gibt, die aber in der Mittwinterzeit im Übergang zum Vorfrühling begangen werden kann. Diese Festeszeit, so sagte es Rudolf Steiner, steht im engen Zusammenhang mit dem meditativ-spirituellen Leben in der Landwirtschaft. Ein anderes Verhältnis zu den Stoffen und Kräften der Erde sowie des Kosmos wird verstärkt. Und von diesem aus kann sich im Kontext der erneuerten Landwirtschaft entfalten, was in den Vorträgen des Kurses als Alchimie und Homöopathie beschrieben wird.

Auf solche Aspekte der biologisch-dynamischen Methodik werden wir im zweiten Buchteil dieses dritten Bandes schauen, wenn von den jeweils fünf Substanzen, Pflanzen und Hüllen, auf denen die Präparate der biologisch-dynamischen Landwirtschaft beruhen, die Rede ist. Eine Systematik wird sichtbar, der folgend der Mensch den Dingen etwas Originäres, Unverzichtbares, mitgibt.

Eine „instinktive Agrikulturweisheit" ist es, die, ausgehend von alten bäuerlichen Traditionen, allem zugrunde liegt. Sie ist Ausdruck der praktisch angewendeten Anthroposophie. Wie schon in den vorangegangenen beiden Bänden wollen wir uns weiter damit beschäftigen, dass und wie dieses erneuerte Wissen auf einem systemischen Naturbetrachten und -erleben beruht, das stets vom Ganzen ausgeht, um die Teile und Zusammenhänge zu verstehen.

Schließlich kommen wir im dritten Teil dieses Bandes noch einmal auf die unterschiedlichen Sichtweisen zurück, die in den drei „Quellgründen" der biologisch-dynamischen Landwirtschaft verortet werden können. Im Werden der anthroposophisch-landwirtschaftlichen Bewegung kamen sie zusammen, was nicht ohne Spannungen und einen außerordentlich kritischen Moment vonstattenging. Erst als Carl Graf von Keyserlingk dem Neuen vollständig vertrauen konnte, wurde die weitere Entwicklung der Bewegung möglich. Das erkennt man auch daran, dass die Vorträge und Aussprachen nach dem Verkünden der „Resolution“ noch einmal deutlich an Tiefe gewannen.

Anhand der überlieferten Nachschriften der Vorträge und Fragenbeantwortungen lassen sich grundsätzliche Leitlinien für die drei Bereiche der biologisch-dynamischen Ökonomie, Ökologie und Ökosophie entwickeln. Heutzutage, also einhundert Jahre nach den Ereignissen in Koberwitz, wo der *Landwirtschaftliche Kurs* abgehalten wurde, finden sie sich in einer weitreichenden Bewegung praktisch umgesetzt. Die biologisch-dynamische Landwirtschaft ist in Zeiten des allgemeinen Wandels zu einem kulturellen Faktor geworden. Dazu haben wir im vierten Teil des Buches Einblicke in die Praxis angefügt.

Ein Verständnis der anthroposophischen Grundlagen der biologisch-dynamischen Landwirtschaft lässt sich erarbeiten. Wie auch schon die beiden vorausgegangenen Bände ist deswegen auch dieser Band als Lernbuch gestaltet. Die Kapitel sind kurz gehalten und werden jeweils mit einer knappen Zusammenfassung in vier Punkten ergänzt. Eingestreute Übungsaufgaben (die Lösungen finden Sie im Anhang) ermöglichen es, den eigenen Lernfortschritt zu überprüfen, und die weitere Vertiefung ist durch Teilnahme an unseren Fernkursen möglich. (Informationen und Anmeldung dazu im Internet: biodyn-fernkurs.com)

TEIL 1

Weiteres zur Anthroposophie: Jahreszeiten und Jahresfeste

1.1 Jahreszeiten als Rhythmen des Lebens

Nichts ist so beeindruckend, wie der weite, alles umspannende Himmel voller Sterne. Bei seinem Anblick lässt sich ahnen, wie sinnvoll alles zueinander geordnet ist und aufeinander wirkt. Aber hinsichtlich der biologischen und kulturellen Evolution des Menschen beruht der vermeintliche Erfolg offensichtlich ausgerechnet darauf, sich von diesem wohlgeordneten Zusammenhang zu emanzipieren.

Welt

Wenn wir von „Welt" sprechen, meinen wir damit heutzutage weit mehr als nur unseren unmittelbaren, begrenzten Lebensraum. Mit unseren Vorstellungen können wir vielmehr die ganze Erde astronomisch gesehen inmitten des Sonnensystems erfassen. Das konnten die Menschen in Urzeiten so noch nicht. Folglich nahmen Sie zunächst nur einfach hin, dass die Witterungsereignisse im Laufe der Zeit verschiedene waren und sich infolgedessen das Wachstum der Pflanzen unterschiedlich entfaltete. Der Zusammenhang der Jahreszeiten mit dem Kosmos, dem Gang der Planeten und dem Verhältnis der Erde zur Sonne, war noch unbekannt. Indem es aber dann nach und nach zu einem Weltbild kam, das bis in die Fernen des Weltalls reicht, entwickelten sich die Möglichkeiten zur land- und gartenwirtschaftlichen Arbeit an der Erde – und umkehrt.

Im alten Griechenland verstand man den Kosmos schließlich in seiner harmonischen Ordnung als Gegensatz zum Chaos, das allem Seienden vorausgeht. In dieser Vorstellung war schon die Empfindung enthalten, das alle Ordnung vom Großen bis ins Kleinste hinein auf gemeinsamen Prinzipien und damit verbundenen Prozessen beruht. Und indem man die Welt so verstand, entwickelte man ein konkretes Verhältnis zum Lauf der Zeit und den jahreszeitlichen Variationen in der Natur. Nun konnte man das alles systematisch beobachten, erforschen und gestalten.

Dass die Jahreszeiten Ausdruck ganz bestimmter kosmischer Konstellationen sind, ist mittlerweile allgemeines Wissen. Vor allem geht es dabei um das Verhältnis von Sonne, Mond und Erde. Ohne die Sonne gäbe es kein Leben auf der Erde. Ihr Licht und ihre Wärme erreichen die Atmosphäre, den Erdboden und alle Gewässer. Rund ein Drittel dieser Energie wird direkt wieder zurückgestrahlt, während der größere Teil als Wärme aufgenommen und erst danach wieder abgegeben wird. Die Erde selbst dreht sich bei ihrem Gang um die Sonne um sich selbst, und zwar um eine etwas geneigte Achse. Diese Neigung, die durch den Mond aufrecht erhalten wird, führt für das Sonnenlicht zu unterschiedlichen Einstrahlwinkeln, wodurch es in bestimmten (gemäßigten) Zonen der Erde zu den ausgeprägten Jahreszeiten kommt, die aber nur dann exakt gleich lang wären, wenn die Umlaufbahn der Erde ein Kreis wäre: „Die Erde umkreist die Sonne aber in einer Ellipse, in deren einem Brennpunkt die Sonne steht. Daher variiert der Abstand zwischen Erde und Sonne über das Jahr ein wenig. Derzeit ist uns die Sonne am 3. Januar am nächsten und am 5. Juli am fernsten, wodurch auch die jeweilige Sonneneinstrahlung um ca. ±3,5 % vom Mittelwert variiert. Die Nordwinter sind also etwas wärmer und die Nordsommer etwas kälter als sie bei einer Kreisbahn der Erde um die Sonne wären. Da sich die Erde, wenn sie der Sonne ferner ist, nach den Kepler'schen Gesetzen etwas langsamer bewegt und dabei auch einen längeren Weg zurücklegen muss, ist derzeit der Nordsommer um ca. 3 Tage länger als der Nordwinter."[1]

In unserem Sonnensystem gibt es überdies viele Himmelskörper, die in festen Gruppen stillstehen, und es gibt andere, die sich auf eigenen Bahnen um die Sonne herum bewegen. Von der Sonne aus gesehen sind das Merkur, Venus, Erde, Mars, Jupiter, Saturn, Uranus und Neptun. Da die Umlaufzeiten der Planeten – man nennt sie auch „Wandelsterne“ – unterschiedlich lang sind, ergeben sich immer wieder andere Konstellationen. Spricht man für die Erde von den meteorologischen Jahreszeiten Frühling, Sommer, Herbst und Winter, lassen sich ebenso astronomische Jahreszeiten unterscheiden, für die jeweils der Zeitraum zwischen einer Tagundnachtgleiche (Äquinoktium) und einer Sonnenwende (Solstitium) gilt. Der astronomische Frühling beispielsweise dauert vom 20.3. (manchmal vom 19.03.) oder 21.3. bis zur Sommersonnenwende am 21.6., insgesamt im Mittel 92 Tage und 19 Stunden.

Unter den Himmelskörpern ist es nur der Mond, dessen Anblick sich immer wieder verändert. Von ihm ist im Zeitraum der unterschiedlichen Mondphasen mal mehr, mal weniger zu sehen. Dabei schreiten die Ab- und Zunahmen nicht gleichmäßig fort, sondern in unterschiedlichen Tempi. Die schnellsten Veränderungen lassen sich bei halbkreisförmigen Mondbildern beobachten. Bei Vollmond verlangsamen sich die Veränderungen. Ein jahreszeitlich markantes Phänomen kann im Frühling beobachtet werden: „Das zunehmende Viertel hat seine Höchststellung im Frühling; daher ist auch zur Osterzeit der zunehmende Mond am besten und längsten zu sehen. Zu dieser Zeit kann man auch die Erscheinung des ‚aschgrauen Mondlichtes‘ am besten beobachten, das mit der hellen Mondsichel zugleich auch noch die übrige Mondscheibe, welche die Sichel zum ganzen Kreis ausfüllt, im aschgrauen Farbton sichtbar macht. Dieser Lichtschimmer auf seiner Schattenseite kommt dem Mond nicht von der Sonne, sondern der erhellten Erde zu.“[2]

Nimmt man das bisher Gesagte zusammen, ergibt sich eine große Variationsbreite für all jene Erscheinungen, die das jahreszeitliche Geschehen hervorbringen und am Himmel begleiten. Indem wir Menschen uns das immer genauer vergegenwärtigen, gewinnen wir einen Eindruck davon, wie sich unser Leben auf der Erde im Zusammenhang mit dem Großen und Ganzen des Kosmos ereignet und entfaltet. Die Jahreszeiten erscheinen als Rhythmen des Lebens.

Erde

Wie wir gesehen haben kommt es auf der Erde aufgrund unterschiedlicher kosmischer Konstellationen zu den Jahreszeiten und meteorologischen Phänomenen. Im Zusammenspiel von Erde, Wasser, Luft und Wärme ereignet sich zwischen Schwere und Leichte das Werden und Vergehen. Dabei ist alles sinnvoll zueinander geordnet, miteinander verwoben und inhärent Leben tragend. Dass das alles so sein und immer weiter werden kann, kommt quasi einem Wunder gleich: Niemand hat bis heute vollständig ergründen können, wie es zu den für das Leben idealen Bedingungen auf der Erde kam. Dabei ereignet sich alles in einer vergleichsweise zarten, ausgesprochen verletzlichen Hülle. Die Biosphäre umgibt die Erde nämlich nur wie ein feiner Hauch. Die bodennahen Schichten der Atmosphäre reichen nämlich „nur" bis etwa 90 Kilometer Höhe. In ihnen ist die Luft, die wir atmen, die zum großen Teil aus Stickstoff (78,08 Prozent) und Sauerstoff (20,95 Prozent) besteht. Der Sauerstoff fand im Laufe der Erdentwicklung erst spät, nämlich nachdem die mit Sauerstoff reagierenden Stoffe knapp wurden, seinen Weg in die Atmosphäre. So bildete sich allmählich eine erste Ozonschicht. Mit dem Auftreten der Landpflanzen – vor etwa 500 Millionen Jahren – nahm der Sauerstoffgehalt weiter zu, bis er das heutige Maß erreichte.

In diesem atmosphärischen Geschehen kommt es zu den Jahreszeiten. In den gemäßigten Breiten sprechen wir allgemein von Frühling, Sommer, Herbst und Winter, in den Tropen von Regen-, Übergangs- und Trockenzeiten. Das ganze Leben ereignet sich in diesen Intervallen. Es ist dabei auf engste miteinander verwoben und bildet in allen Prozessen ab, was das kosmische Geschehen als Ganzes ist. In gewisser Weise könnte man sagen, dass der Himmel mit den Jahreszeiten die Erde und alle auf ihr existierenden Wesen erreicht. Das haben die Menschen in verschiedenen Kulturen früher noch weitaus differenzierter beschrieben und unterschieden. So sprachen beispielsweise die Samen von acht, die Aborigines von sechs Jahreszeiten. Und im alten Ägypten unterschied man drei Jahreszeiten: „Die Monate sind nicht in vier, sondern nur in drei Jahreszeiten unterteilt, was einen grundlegenden Unterschied zu den meisten Kulturen ausmacht. Diese Strukturierung dürfte sich aus den speziellen Gegebenheiten des Naturjahres in Ägypten ergeben. Im Hochsommer schwillt dort das Wasservolumen des Nil gewaltig an, so dass er über die Ufer tritt und das Ackerland überschwemmt. Nach dem Rückzug des Wassers, sobald das Land wieder aus den Fluten heraustritt, kann das Getreide ausgesät werden, die Ernte muss vor Einsetzen der nächsten Überschwemmung eingebracht werden. Entsprechend ergeben sich die grundlegenden drei Jahreszeiten."[3]

Tatsächlich ist die feinere Differenzierung sinnvoll, weil dadurch die Lebenserscheinungen in ihrer wechselnden Vielfalt genauer erfasst werden können. In den Kontexten der Ökologie und der Biogeographie ist dem heutzutage die Phänologie (altgriechisch φαίνω *phaíno*, deutsch ‚ich erscheine' und -logie) gewidmet. Ihr zufolge kann das Werden und Vergehen der Natur in einem eigenen Kalender zusammengefasst werden, in dem es zehn aufeinander folgende Jahreszeiten gibt. Was zunächst vor allem in der Agrometeorologie beachtet wurde, bietet inzwischen manche Grundlagen für Klima und Wettermodelle im Zusammenhang mit der Klimawandelforschung.

Die Systematik ergibt sich im Hinblick auf „Zeigerpflanzen", die für die Ankündigung der jeweiligen (zehn) Jahreszeiten stehen. Aber auch die periodisch wiederkehrenden Verhaltensweisen in der Tierwelt werden in der Phänologie berücksichtigt. Die zehn Jahreszeiten und Zeigerpflanzen sind die Folgenden:

1. Vorfrühling (Haselblüte)
2. Erstfrühling (Forsythienblüte)

3. Vollfrühling (Apfelblüte)
4. Frühsommer (Blüte vom Schwarzen Holunder)
5. Hochsommer (Blüte der Sommerlinde)
6. Spätsommer (Reife des Frühapfel)
7. Frühherbst (Fruchtreife des Schwarzen Holunder)
8. Vollherbst (Fruchtreife der Stiel-Eiche)
9. Spätherbst (Blattverfärbung der Stiel-Eiche)
10. Winter (Blattfall der Stiel-Eiche)

Unter Zugrundelegung dieser Etappen erweitern sich Blick und Verständnis für das jahreszeitliche Geschehen. Wir werden später (→ 1.3) noch sehen, dass und wie sich die phänologischen Jahreszeiten und die anthroposophischen Aspekte zu den Jahresfesten ergänzen.

Mensch

Wir Menschen der Gegenwart fühlen uns mit den Jahreszeiten mehr oder weniger deutlich verbunden. Die großen Zeiträume und Abfolgen von Frühling, Sommer, Herbst und Winter sind uns allgemein vertraut. Dennoch sind wir in die großen jahreszeitlichen Ereignisse nicht so involviert wie unsere nichtmenschlichen Mitwesen. Das beruht, vereinfacht gesprochen, darauf, dass wir Licht ins Dunkel bringen können. Es ist einige hunderttausend Jahre her, als der Mensch das Feuer in seine Hände nahm. Damals fing man es, beispielsweise nach Blitzeinschlägen, ein und bewahrte es in Feuerstellen. Erst seit etwa 30 000 Jahren können Menschen willkürlich Feuer entfachen. Für die weitere Entwicklung war das wesentlich, denn gekochte Nahrung war gesünder und förderte die weitere Ausbildung des Gehirns. Auch konnten Regionen der Erde besiedelt werden, in denen die vorherrschende Kälte sonst ein Überleben unmöglich gemacht hätte. So verbreiteten sich die Menschen von Afrika aus über die gesamte Erde.

Die biologische und kulturelle Evolution brachte eine Emanzipation vom kosmischen Zusammenhang allen Lebens mit sich, insofern der Mensch nun von den Jahreszeiten und klimatischen Bedingungen immer unabhängiger wurde. Auch vom Tag-Nacht-Rhythmus emanzipierte er sich, weil er die Nacht buchstäblich zum Tag machen kann. Das war ebenfalls folgenschwer, denn jeder Mensch verfügt über eine innere Uhr, die auf einem Zusammenspiel von endogenen (inneren) und exogenen (äußeren) Einflüssen beruht. Die Rhythmen des Kosmos sind eigentlich eng mit denen des menschlichen Leibes verwoben. Inzwischen weiß man, dass nicht nur Wachen und Schlafen Ausdruck dieser Verbundenheit sind, sondern für jedes Organ eine Leistungskurve beschrieben werden kann, deren Verlauf den allgemeinen, natürlichen Rhythmen folgt. Indem der Mensch sich in seiner Lebensgestaltung von Tag und Nacht unabhängig machte, emanzipierte er sich in seinem alltäglichen Leben zugleich ein gutes Stück weit von diesen, bis in feinste Leibesstrukturen reichenden Einflüssen.

Dass kosmische Rhythmen und Konstellationen einen Rahmen schaffen, in dem sich ein jedes Leben ereignet, hat man früher in Mythen ausgedrückt und über Generationen hinweg überliefert. Heutzutage ist dem die Chronobiologie (zu altgriechisch χρόνος chrónos ‚Zeit') gewidmet. In diesem speziellen Zweig der Biologie beschäftigt man sich mit der Bedeutung der zeitlichen und rhythmischen Organisation allen Lebens. Man hat erkannt, dass und wie verschiedenste zeitliche Abläufe ineinandergreifen. Es gibt saisonale (circannuale) Rhythmen, die dem Jahreslauf folgen, solche, die den Mondphasenzyklen (etwa 29,5 Tage) entsprechen, oder andere, die als „semilunar" bezeichnet werden (etwa 15 Tage), weil sie dem Gezeitenzyklus folgend nach dem Abstand zwischen zwei Nipptiden (bei Halbmond) oder zwei Springfluten (bei Voll- und Neumond) getaktet sind. Berücksichtigt man diese (und viele weitere) Erkenntnisse der Chronobiologie etwa in der Humanmedizin, lassen sich erwiesenermaßen therapeutische Ziele mit wesentlich geringeren Medikamentenkonzentrationen erreichen.

Es ist fatal: Grundsätzlich zeigen die Forschungsergebnisse einerseits, dass alle nichtmenschlichen Wesen ihre Überlebenschancen steigern, insofern sie an zeitlich wechselnde Umgebungsbedingungen angepasst sind. Andererseits ist aber bei den Menschen offenbar das Umgekehrte der Fall, denn je weiter fortgeschritten die Entfernung von der Natur und ihren Rhythmen ist, desto „erfolgreicher" ist ihre Kultur.

Weil aber viele Funktionen des Organismus auf eine möglichst weitreichende Übereinstimmung mit den natürlichen Rhythmen angewiesen sind, kommt es aufgrund der – unnatürlichen, aber gerade darum in gewisser Weise erfolgreichen – Lebensart der modernen Menschheit zu Erkrankungen. Ebenso folgenreich ist die gestörte Ordnung für das natürliche, ökologische Gleichgewicht. „Der Mensch hat im Verlauf der letzten Jahrhunderte das Klima durch massive und weiträumige Veränderungen der Landoberfläche beeinflusst. Seit etwa den siebziger Jahren des letzten Jahrhunderts sind die Auswirkungen auf das Klima, insbesondere durch die anthropogene Zunahme von Treibhausgasen in der Atmosphäre, so deutlich geworden, dass die natürlichen Klimaschwankungen durch interne Schwankungen im Klimasystem, durch Vulkane und durch die Variabilität der Sonnenstrahlung übertroffen werden."[4] Und weil diesbezüglich inzwischen ein hoher Eskalationsgrad erreicht ist, begegnet die Menschheit nun der über alles entscheidenden Herausforderung, die darin besteht, die Wiedervereinigung mit der Natur aus freien Stücken zu wollen und unter Wahrung der errungenen kulturellen Fortschritte zu vollziehen.

Das Kapitel kurz und knapp:

- Heutzutage können wir die ganze Erde inmitten des Sonnensystems als unseren Lebensraum verstehen. Wir wissen, dass die Jahreszeiten mit dem Kosmos, dem Gang der Planeten und dem Verhältnis der Erde zur Sonne zusammenhängen. Die Jahreszeiten erscheinen als Rhythmen des Lebens.
- Auf der Erde ereignet sich das Werden und Vergehen im Zusammenspiel von Erde, Wasser, Luft und Wärme, zwischen Schwere und Leichte. Alles ist sinnvoll zueinander geordnet, miteinander verwoben und inhärent Leben tragend.
- In diesem atmosphärischen Geschehen kommt es zu den Jahreszeiten, von denen frühere Kulturen noch mehr als vier kannten. In der Phänologie, einem Bereich der Biologie, spricht man heutzutage von zehn Jahreszeiten, für die man typische Zeigerpflanzen benannte.
- Die Menschheit hat sich mit der Handhabung des Feuers immer weiter von den natürlichen Rhythmen entfernt. Dadurch konnte sich die menschliche Kultur entwickeln. Dennoch bleiben die kosmischen Rhythmen wirksam. So kommt es darauf an, die ursprüngliche Verbindung mit der Natur aus freien Stücken und unter Wahrung des Errungenen wieder herzustellen.

1.2 Anthroposophische Aspekte zu den Jahreszeiten

Die Jahreszeiten können als Lebensregungen der Erde verstanden werden, mit denen sich die Menschen früher noch stark verbunden fühlten. Im Laufe der Zeit und dem kulturellen Fortschritt folgend änderte sich das, insofern sich die Menschen zunehmend von der Natur emanzipierten. In der Anthroposophie wird ein Erleben der Jahreszeiten angeregt, das die ursprüngliche, geistige Verbindung wieder eintreten lässt.

Atem der Erde

In der Anthroposophie geht es unter anderem um eine tiefgründige, bewusste Verbindung mit der Natur. Den geistesgeschichtlichen Hintergrund dafür kann man im Werk Goethes ausmachen, auf das Rudolf Steiner sich ausdrücklich immer wieder bezog. (→ Band 1: 3.1) Aber auch die Ideen von Friedrich Schelling (1775–1854), der wie Goethe meinte, dass alle Erkenntnis aus der Erfahrung hervorgeht, finden sich fortentwickelt. Mit seiner „Naturphilosophie" prägte Schelling einen Ansatz, von dem aus ein ganzheitliches Verständnis der Natur entwickelt werden kann, das seit dem beginnenden 19. Jahrhundert in den Kontexten der immer weiter spezialisierten Naturwissenschaft von den einen infrage gestellt wird, während andere es als Basis für ein neues, holistisches Erkennen wählen. Die Kulturhistorikerin Andrea Wulf schreibt darüber: „Schelling bewegte sich gegen den Strom. Zu einem Zeitpunkt, als die Wissenschaftler begannen, sich auf immer enger werdende Disziplinen zu spezialisieren, hatte Schellings Naturphilosophie die Tür zu einer Welt geöffnet, in der alles – von der Schwerkraft, dem Magnetismus und dem Licht bis hin zu Pflanzen, Tieren und Menschen – miteinander verbunden war. Sein ganzheitlicher Ansatz sollte die interdisziplinäre Zusammenarbeit vorantreiben, die heute in vorderster Reihe von Forschung und Entdeckung steht."[5]

Dass in der Natur alles als miteinander verbunden, und darum eben ganzheitlich erfasst werden kann, entspricht voll und ganz dem anthroposophischen Ansatz, demzufolge das Schöpferisch-Göttliche in der natürlichen Welt direkt erlebt werden kann.[6] Vor diesem Hintergrund wird auch die Erde selbst als lebendiger Organismus (→ Band 1: 1.2) und die Jahreszeiten als Lebensregungen verstanden, die analog zum Schlafen und Wachen des Menschen gesehen werden: „Kurz, wenn das Ich und der Astralleib am Abend beim Einschlafen des Menschen aus der geistigen Welt herabschauen auf den physischen und Ätherleib, dann sehen sie dieselbe Erscheinung, wie man sie in der großen Welt draußen sieht, wenn die Pflanzen sprossen und sprießen im Frühlinge. Wir müssen daher, wenn wir innerlich vergleichen, unser Einschlafen und den Beginn des Schlafzustandes in der Nacht in Wahrheit vergleichen mit dem Frühling in der Natur, und die Zeit des Aufwachens, die Zeit des Wiederhineinlebens des Ichs und des astralischen Leibes in den physischen und Ätherleib vergleichen mit dem, was der Herbst draußen in der Natur ist."[7]

Was jahreszeitlich geschieht ist „eine Art großer Atmung", bei der aber nicht Luft ein- und ausgeatmet wird, sondern Kräfte, die in der Vegetation der Pflanzen wirken.[8] Diese Atmung ist dem Vorgang der Sinneswahrnehmung ähnlich, insofern ihr ein Nachbild folgt, das im Zusammenspiel von Nervenphysiologie und Ätherleib erst allmählich abklingt.[9] Diesem Nachbild liegen die gleichen Kräfte zugrunde, die im Verlauf der Jahreszeiten von der Erde ein- und ausgeatmet werden.

Aber nicht allein die Beobachtung der jahreszeitlichen Ereignisse führt zu einem Verständnis der zugrunde liegenden Lebensprozesse, sondern auch das konkrete Studium der Vegetation. Dass der Bewuchs

Rückschlüsse auf die Beschaffenheit und Qualität eines Bodens zulässt, kann ebenfalls für den Blick auf Gesundheit und Krankheit beim Menschen inspirieren. So ergeben sich Gesichtspunkte, die denen der Phytotherapie vergleichbar sind. Die Natur belehrt über den Menschen, der Mensch belehrt über die Natur.[10] Des weiteren legt diese Vorstellung nah, dass sich auch die Wesenheit der Erde nicht allein in dem erschöpft, was äußerlich von ihr wahrgenommen werden kann. Rudolf Steiner hat das einmal wie folgt erläutert: „Die Erde ist gleichsam auch ein Leib, ein weit ausgedehnter Leib. Wenn wir sie nur betrachten in Bezug auf ihr Physisches, so ist das so, wie wenn wir den Menschen nur in Bezug auf das Physische betrachten würden. Vollständig betrachten wir die Erde, wenn wir sie betrachten als den Leib von geistigen Wesenheiten, in derselben Weise, wie wir auch beim Menschen den Geist als zu dem Leibe gehörig betrachten. Ein Unterschied ist jedoch da. Der Mensch hat ein einheitliches Wesen, das seinen physischen und ätherischen Leib beherrscht. Ein einheitliches Seelisch-Geistiges entspricht dem, was physischer Menschenleib und ätherischer Menschenleib ist. Viele Geister zunächst entsprechen aber dem Erdenleibe. Was also beim Menschen eine Einheit ist mit Bezug auf das Geistig- Seelische, bei der Erde ist es eine Vielheit.“[11]

Dieser Hinweis auf die „Vielheit“ ist von entscheidender Bedeutung, denn er definiert das Leben der Erde als ein Zusammenwirken unterschiedlichster Wesenheiten, die sich diesen einen, einzigen Leib teilen. Und alle diese Wesenheiten sind ihrer leiblichen, seelischen und geistigen Natur gemäß zu denken, wenn man verstehen will, was dem ganzen Wunder des Lebens zugrunde liegt. Der Mensch ist niemals allein auf dieser Erde – und genau darüber kann und sollte er sich mit allen Konsequenzen klar werden.

Natur und Mensch

Wie wir gesehen haben, beruht der kulturelle Erfolg des Menschen darauf, dass er sich im Laufe der Zeit ein Stück weit vom Zusammenhang mit dem Leben der Natur entfernt hat. (→ 1.1) Bezüglich seiner leiblichen, seelischen und geistigen Konstitution kann auch das im Hinblick auf das Große und Ganze verstanden werden. Leiblich-seelisch, so Rudolf Steiner, besteht die natürliche Verbundenheit bis zu einem gewissen Grad zunächst noch. Für den Leib des Menschen gilt darum, dass seine Organe in kosmischen Rhythmen leben, ebenso wie das bei den Pflanzen der Fall ist, die sich zur Erde verhalten wie die Organe zum Organismus. Und seelische Erfahrungen der Freude und des Schmerzes werden im Unbewussten gespeichert, das den Gruppenseelen der Tiere entspricht. Aber aufgrund seiner besonderen geistigen Fähigkeiten vermag es der Mensch, sich über dieses „Gruppenseelenhafte" zu erheben. Er kann über sein Leben und Handeln nachdenken. Diese „Bewusstseinstatsache" (→ Band 1: 1.3 und 3.3), die für die kulturelle Entwicklung entscheidend war und ist, zeichnet den Menschen aus – aber es kann ihn eben auch gehörig von der Mitwelt entfremden.

Aus heutiger Sicht würden wir auch sagen, dass der ökologische Fußabdruck der Menschen früherer Zeiten noch sehr klein war. Sie lebten nämlich stets nur aus dem, was die Mitwelt ihnen unmittelbar darbot. Solange die Menschen das noch nicht verändern und bezüglich der Erträge steigern wollten, ereignete sich ihr genügsames Leben in weitgehendem Einklang mit der Natur. Sie war ihr Leib, in dem sie unter den gleichen Bedingungen existierten wie alle anderen Lebewesen auch.

Zu einer gravierenden Zäsur in diesem Zusammenleben kam es, seit der Mensch dazu fähig geworden war, seine Lebenswelt als Gegenüber sehen zu können, das willkürlich gestaltet und verändert werden kann. Je weiter er diesbezüglich fortschrittlich wurde, desto weiter entfernte er sich von jenem ganzheitlichen Erleben, das früher noch selbstverständlich war, und das es heutzutage wieder neu zu entwickeln gilt. Diese Wiederverbindung zu ermöglichen, ist ein zentrales Anliegen der Anthroposophie. Im Sinne Schellings könnte man sagen, dass es darum geht, Wissen wieder mit Weisheit zu verbinden. Ein in diesem Sinne „weises Verhältnis zur Welt" berücksichtigt zugleich eine spirituelle Dimension, denn kein Lebewesen wird nur von seiner leiblichen Außenseite her gesehen. Auch diesbezüglich geht es darum, sich verlorene Fähigkeiten neu zu erwerben, und zwar unter anderem so, dass die Jahreszeiten als natürliche Rhythmen des Lebens bewusst wieder mitvollzogen werden.

„Wer diesen Jahreslauf miterleben kann, der fühlt sein ganzes Menschenleben ungeheuer bereichert durch solches Miterleben. Der Mensch der Gegenwart und auch der Mensch einer jetzt schon längeren Vergangenheit erlebt ja eigentlich nur, und auch das mehr dumpf, unbewusst, die physisch-ätherischen Vorgänge seines eigenen Leibes, dessen, was innerhalb der Haut ist. Er erlebt seine Atmung, er erlebt seine Blutzirkulation. Allein dasjenige, was draußen in Wind und Wetter im Jahreslauf spielt, was in der Ausgießung der Samenkräfte, in dem Fruchtenden der Erdenkräfte, in dem Leuchtenden der Sonnenkräfte lebt, all das ist für das Gesamtleben des Menschen, wenn der Mensch sich auch dessen nicht bewusst wird heute, nicht minder bedeutsam, nicht minder einschneidend als dasjenige, was meinetwillen als Atmung und Blutzirkulation innerhalb seiner Haut vor sich geht. Wie die Sonne auftrifft auf irgendein Erdengebiet, was sie da durch ihre Wärmung, durch ihre Strahlung hervorruft, das lebt der Mensch mit. Und wenn der Mensch im richtigen Sinne Anthroposophie aufnimmt, Anthroposophie nicht liest wie einen Sensationsroman, sondern so liest, dass dasjenige, was ihm in Anthroposophie mitgeteilt wird, Inhalt seines Gemütes wird, dann erzieht er allmählich sein Herz und seine Seele also zum Miterleben desjenigen, was da draußen sich im Jahreslauf abspielt." [12]

Der Seelenkalender

Wenn man bedenkt, inwiefern der Mensch als von Natur und Kosmos emanzipiert zu verstehen ist, wird es darum gehen, wie es möglich werden kann, das jahreszeitliche Geschehen – also die Lebensprozesse der Erde – wieder so miterleben zu können, wie es mit den eben zitierten Worten gemeint ist. Grundsätzlich geht es dabei darum, jene Kluft zu überbrücken, die sich im Laufe der Zeit zwischen Mensch und Welt aufgetan hat. Es geht um die bewusste geistige Verbindung des Menschen mit der Natur und dem jahreszeitlichen Geschehen. In der Anthroposophie findet sich manches, was zu einem aufmerksamen Beobachten der Natur anregt, aber auch Hinweise für ein entsprechendes spirituelles Üben. Dem vor allem ist ein besonderes Werk Rudolf Steiners gewidmet.

Gemeinsam mit der Malerin Imma von Eckhardtstein (1871–1930) entwickelte Rudolf Steiner im Jahr 1911 die Idee für einen eigenen Kalender, der aus der Anthroposophie heraus Anregungen für ein bewusstes Miterleben des Jahreslaufs geben sollte. Hierfür verfasste er den Seelenkalender. Dabei handelt es sich um 52 Sprüche, die den Wochen des Jahres folgend eine vertiefte Verbindung mit den jahreszeitlichen Ereignissen ermöglichen. Die Wortlaute und die Komposition des Werks sind als Anregung und Inhalt meditativen Lebens (→ Band 1: 4.3) zu verstehen: „Der Jahreslauf hat sein eigenes Leben. Die Menschenseele kann dieses Leben mitempfinden. Lässt sie, was von Woche zu Woche anders spricht aus dem Leben des Jahres, auf sich wirken, dann wird sie sich durch solches Mitleben selber erst richtig finden. Sie wird fühlen, wie ihr dadurch Kräfte erwachsen, die sie von innen heraus stärken. Sie wird bemerken, dass solche Kräfte in ihr geweckt sein wollen durch den Anteil, den sie nehmen kann an dem Sinn des Weltenlaufes, wie er sich in der Zeitenfolge abspielt. Sie wird dadurch erst gewahr werden, welche zarte, aber bedeutungsvolle Verbindungsfäden bestehen zwischen sich und der Welt, in die sie hineingeboren ist.“[13]

Der Kalender, der im Jahr 1912 erstmals erschien, regt zu einem „Sich eins fühlen" mit der Natur und einem daraus erstehenden kräftigen „Sich selbst finden" an [14], und es ist sehr besonders, dass die ganze Diktion dabei ganz freilassend – nur am jahreszeitlichen Geschehen orientiert – bleibt. Lediglich eine Besonderheit lässt auf ein religiöses Mitempfinden schließen, auf das wir später (→ 1.3) noch zurückkommen werden: Der Kalender beginnt mit dem christlichen Osterfest, und er wurde für seine erste Ausgabe untertitelt mit dem Zusatz „1879 nach des Ich-Geburt", womit auf die Auferstehung Christi im Jahr 33 (1879 + 33 = 1912) Bezug genommen wurde.

Wie gesagt handelt es sich um insgesamt 52 Sprüche, die den Wochen des Jahres folgend zueinander geordnet sind. Will man sich die Komposition erschließen, kann man sich die Sprüche beispielsweise in einem Kreis angeordnet vorstellen. Dann steht jedem Spruch ein anderer genau gegenüber. Zu jedem (jahreszeitlichen) Moment findet sich auf diese Weise ein „Gegenspruch", der die vorherrschende Stimmung ergänzt. Oder man verbindet zwei Sprüche miteinander, indem man gegenläufig erstens vom ersten zum letzten Spruch und zweitens vom letzten zum ersten Spruch vorgeht und miteinander verbindet. (1. und 52. Spruch; 2. und 51. Spruch; usw.) Dann treten inhaltliche Aussagen als Polaritäten und Verbindungen besonders hervor:

1. Wenn aus den Weltenweiten
   Die Sonne spricht zum Menschensinn …
52. Wenn aus den Seelentiefen
   Der Geist sich wendet zu dem Weltensein …

oder:

2. Ins Äußere des Sinnesalls
   Verliert Gedankenmacht ihr Eigensein …
51. Ins Innre des Menschenwesens
   Ergießt der Sinne Reichtum sich …

In einer Sonderausgabe des *Seelenkalenders* neueren Datums finden sich diese und weitere Gesichtspunkte dargestellt.[15]

Das Kapitel kurz und knapp:

- Das Werk Goethes und die Ideen Friedrich Schellings liefern den Hintergrund für die naturphilosophischen Ausführungen Rudolf Steiners. Demnach ist in der Natur alles miteinander verbunden und ganzheitlich zu erfassen.
- Was jahreszeitlich geschieht ist „eine Art großer Atmung“, bei der aber nicht Luft ein- und ausgeatmet wird, sondern Kräfte, die in der Vegetation der Pflanzen wirken.
- Die Organe des Menschen leben in kosmischen Rhythmen, ebenso wie das bei den Pflanzen der Fall ist, die sich zur Erde verhalten wie die Organe zum Organismus. Seelische Erfahrungen der Freude und des Schmerzes werden im Unbewussten gespeichert, das den Gruppenseelen der Tiere entspricht. Aufgrund seiner besonderen geistigen Fähigkeiten vermag es der Mensch, sich über dieses „Gruppenseelenhafte“ zu erheben. Er kann über sein Leben und Handeln nachdenken.
- In der Anthroposophie findet sich manches, was zu einem aufmerksamen Beobachten der Natur anregt, aber auch Hinweise für ein entsprechendes spirituelles Üben. Der *Seelenkalender* umfasst 52 Sprüche, die den Wochen des Jahres folgend ein vertieftes Miterleben der jahreszeitlichen Ereignisse ermöglichen.

1.3 Anthroposophische Aspekte zu den Jahresfesten

Aus dem anthroposophisch vertieften Miterleben der Jahreszeiten ergibt sich für das Feiern der Jahresfeste, dass damit die konkrete Teilhabe an den natürlichen Lebensprozessen gesucht wird. Dabei geht es nicht nur um ein anderes Verstehen der Natur, sondern vor allem um Wirkungen, die in den Kulturtaten der Menschen gegenwärtig werden.

Als der Mensch das Feuer handhaben lernte und damit seiner weiteren Entwicklung einen entscheidenden Impuls gab, veränderte sich nicht nur sein Verhältnis zur irdischen Welt, sondern auch seine Sicht auf Zusammenhänge, die darüber hinaus reichen. Dass er nun schrittweise das Werden und Vergehen in der Natur verstehen und gestalten lernte, führte auch dazu, dass er sich selbst in diese Rhythmik eingebunden erlebte. Mit dem Handhaben des Feuers begannen die Bestattungsriten. Das ist exemplarisch für den kulturellen Wandel, der darin bestand, dass nun auch besondere Feste zu den Jahreszeiten hinzugefügt wurden. Leben und Tod, Werden und Vergehen wurden nicht mehr einfach nur erfahren und hingenommen, sondern gaben Anlass für ein bewusstes Erleben der Natur und für die Entwicklung von Vorstellungen von geistig-göttlichen Kräften und Wesen, die mit allen sinnenfälligen Ereignissen verbunden sind. Ihnen zum Dank und zu Diensten gestaltete man besondere Riten, die sich bis heute mehr oder weniger deutlich ausgeprägt in allen traditionellen Kulturen der Welt finden.

Betrachtungen zu den Jahresfesten

Die intensive Verbindung des Menschen mit der Natur anzuregen, ist ein Kernanliegen der Anthroposophie. Das findet sich im *Landwirtschaftlichen Kurs* eindrücklich entfaltet. Bereits im Buch *Theosophie* wurde durch Rudolf Steiner herausgestellt, dass ein Miterleben des Jahreslaufs zu einer vertieften Erfahrung der Wiederverbindung des Menschen mit der Natur führt und über das Zusammenwirken von Leib, Seele und Geist belehrt. Wir bezeichneten das als religiöse Grunderfahrung im Sinne der Anthroposophie. (→ Band 1: 2.4) Rudolf Steiner kam immer wieder aus verschiedenen Blickwinkeln darauf zu sprechen. So auch beispielsweise in einer Vortragsreihe im Jahr 1923: „Das Werden der Gedanken in sich selber, das Aufglänzen der Ideen in der Menschenseele und im ganzen menschlichen Organismus Sich-verwandt-Fühlen mit den sich gelbfärbenden Blättern, mit dem welkenden Laub der Pflanzen, mit dem Dürrwerden der Pflanzen, dieses Sich-verwandt-Fühlen des menschlichen Geistseins mit dem Naturgeistsein: das kann dem Menschen jenen Impuls geben, der seinen Willen verstärkt, jenen Impuls, der den Menschen hinweist auf die Durchdringung des Willens mit Geistigkeit.“[16] Im unmittelbaren zeitlichen Vorfeld des *Landwirtschaftlichen Kurs* wurde das Miterleben des Jahreslaufs von Rudolf Steiner in vielen Vorträgen und Vortragsreihen intensiv bearbeitet. Inhaltlich ging es nun über das rein jahreszeitliche Erleben, wie es im *Seelenkalender* (→ 1.2) veranlagt wurde, hinaus. Als weiterer wichtiger Aspekt war nun auch von Festen und deren Wirkungen die Rede: „Nur das ist eine Realität im menschlichen Seelenleben, was diese menschliche Seele wirklich in einer Weise ergreift, wie sonst die sinnliche Außenwelt eben die Sinne ergreift. Die Menschen fühlten sich anders geworden dadurch, dass sie das Ereignis des Todes und der Auferstehung Christi anschauten. Sie fühlten sich seelisch durch diese Anschauung so verwandelt, wie sich sonst der Mensch durch physische Ereignisse im Laufe seines Lebens auf der Erde verändert fühlt.“[17]

Immer wieder ging es nun um solche Wirkungen, die eintreten, wenn die jahreszeitlichen Ereignisse „festlich“ mitvollzogen werden. Auf die Ausgelassenheit der sommerlichen Johannizeit folgt für die Menschen ein charakteristisches Erfahren der Natur: „Sie hatten die großen Fragen an das Göttlich-Geistige des Kosmos gerichtet mit ihren Tänzen, mit ihren Gesängen, mit all dem Poetischen, das sie aufgeführt hatten. Das war gewissermaßen hinaufgeströmt in die Weiten des Kosmos, wie das Wasser der Erde hinaufströmt, das oben die Wolken bildet und als Regen wieder hinabträufelt. Also erhoben sich die Wirkungen der menschlichen Festes Verrichtungen und kamen jetzt zurück, selbstverständlich nicht als Regen, aber als etwas, was sich als die Ich-Gewalt dem Menschen offenbarte. Und es hatten die Menschen eine feine Empfindung für jene eigentümliche Umwandelung, welche gerade um die Johannifesteszeit mit der um die Erde herum befindlichen Luft und Wärme geschieht.“ [18]

Der Winter ist, im Gegensatz zur Johanni-Zeit, eine Phase der Einkehr und Beschaulichkeit. Der Mensch kommt zu sich, während er im Sommer ganz außer sich war.[19] Auch darin folgt er den jahreszeitlichen Veränderungen, denn auch die Erde „hält mit Ende Dezember ihr Seelisches ganz in sich“, weshalb gerade in dieser Zeit das Weihnachtsfest gefeiert wird. „Und indem Jesus geboren wird in diesem Zeitpunkte, wird er herausgeboren aus einer Erdenkraft, die alles Erdenseelische in sich trägt.“[20]

Ebenfalls im Jahr 1923 hielt Rudolf Steiner eine Vortragsreihe, die dem *Miterleben des Jahreslaufes in vier kosmischen Imaginationen* gewidmet war.[21] Vom Michaeli-Fest ausgehend wird ein über Weihnachten, Ostern und Johanni führender Festkreis beschrieben, und zwar wieder so, dass die Bedeutung des jahreszeitlichen Miterlebens betont wird: „Wer diesen Jahreslauf miterleben kann, der fühlt sein ganzes Menschenleben ungeheuer bereichert durch solches Miterleben. […] Und wie man den Tageslauf erlebt im morgendlichen Frischsein, im Bereitsein zur Arbeit am Vormittag, im Auftreten des Hungers, im Auftreten der Ermüdung am Abend, wie man da die inneren Vorgänge, das innere Weben und Leben der Kräfte und Materie innerhalb der Haut verspürt, so kann man dadurch, dass man sich die von der Beschreibung sinnlicher Ereignisse ganz abweichenden anthroposophischen Ideen zu Gemüte führt, dieses Gemüt bereiten, dass es wirklich empfänglich, sensitiv wird für dasjenige, was im Jahreslauf webt und lebt." [22] Diese Erlebnisintensität ermöglicht schließlich eine Ahnung vom Wirken geistiger Wesen in den jahreszeitlichen Wandlungsvorgängen in der Natur, die zu einem „Abbild eines Gottgeist-Erkennens" werden. [23]

Der christliche Festkreis

Nachdem 1919 in Stuttgart die erste Waldorfschule ihren Betrieb aufgenommen hatte, wurde dort auch ein „freichristlicher" Religionsunterricht für jene Kinder eingerichtet, deren Eltern keiner konfessionellen Kirche angehörten. Für die „Handlungen", die für diesen Personenkreis anstelle der kirchlichen Gottesdienste sonntäglich in der Schule gehalten wurden, entwarf Rudolf Steiner eine Zusammenstellung von Evangelientexten, die dem christlichen Festkreis folgen. Ein paar Jahre später wurde diese „Perikopenordnung" im Zusammenhang mit der Gründung der „Christengemeinschaft" weiter ausgeführt und um besondere, dem Ritual der „Menschenweihe-Handlung" eingefügte Festzeitgebete ergänzt.

Dieser christliche Festkreis im anthroposophischen Sinne beruht darauf, dass als das Wesentliche am Christentum nicht die Lehrinhalte, sondern die Taten und das Wesen des Christus verstanden werden. [24] Indem der Sohn Gottes sich mit dem Leben der Erde und dem der Menschen verbunden hat, ist der Jahreslauf selbst zu seinem Leben geworden.

„Nun aber wissen wir ja, dass durch das Mysterium von Golgatha jene Wesenheit, die wir als den Christus bezeichnen, sich mit dem Erdenlaufe selber vereinigt hat. [...] Und so wird eingeschaltet in den

Jahreslauf mit Recht dasjenige, was diesem Jahreslauf durch den Rhythmus des Menschenlebens im Jahreslauf selber angehört. Und weil dies etwas so Tiefes ist in Bezug auf das Menscheninnere, so ist es auch gerechtfertigt, dass mit Bezug auf dieses Einschalten der Feste, die sich auf das Mysterium von Golgatha beziehen, der Mensch dabei bleibt, diese Feste im Einklang mit dem Rhythmus des großen Weltenalls zu vollziehen, nicht sie zu verschieben, wie er in den neueren Städten Schlafen und Wachen verschiebt."[25]

Die besonders in den Jahren zwischen 1919 und 1922 vor anthroposophischem Hintergrund entstandene Gliederung der christlichen Feste kann mit den phänologischen Jahreszeiten (→ 1.1) zusammen gesehen werden. Die Natur und das Leben Christi erscheinen als Einheit.

Jahreszeit	**Zeigerpflanzen**	**Christlicher Festeskreis**
Vorfrühling	Hasel (Blüte)	Epiphanias, (Trinitatis)
Erstfrühling	Forsythie (Blüte)	Passion, Ostern
Vollfrühling	Apfel (Blüte)	Himmelfahrt
Frühsommer	Schwarzer Holunder (Blüte)	Pfingsten (Trinitatis)
Hochsommer	Sommerlinde (Blüte)	Johanni
Spätsommer	Frühapfel (Fruchtreife)	(Trinitatis)
Frühherbst	Schwarzer Holunder (Fruchtreife)	(Trinitatis)
Vollherbst	Stiel-Eiche (Fruchtreife)	Michaeli
Spätherbst	Stiel-Eiche (Blattverfärbung)	(Trinitatis)
Winter	Stiel-Eiche (Blattfall)	Advent, Weihnachten

Mutter Natur

Für das anthroposophische Verständnis geht das Naturerleben in eine christliche Erfahrung über. Rudolf Steiner bezeichnete das als den „großen Osterimpuls der Menschheit“, der darin besteht, die Erde als den Leib des auferstandenen Christus zu erkennen. „Und wenn der Mensch die Möglichkeit findet, seinen Mut anzufeuern durch diesen Impuls, dann wird er die einheitliche Gesetzmäßigkeit in allen Tatsachen des Weltgeschehens erkennen, in den Naturtatsachen und auch in den Geistestatsachen, von denen man glaubt, dass dort der Zufall spielt.“[26] Die in diesem Sinne christlich verstandenen Jahresfeste werden zu Momenten der Teilhabe, insofern die Naturereignisse als Lebensvorgänge erfahren werden, in denen Christus lebt. Der in den Kirchen eng gefasste sakramentale Rahmen wird weit und überkonfessionell zugänglich.

„Und das Abendmahl selber! Welche unendliche Vertiefung erfährt es, wenn wir verstehen, dass der Erdenleib der Leib des Christus ist! Was ist das Brot, das aus den Getreidekörnern gebacken wird? Wie muss der Geist der Erde zu diesem Brot sprechen? ‘Dies ist mein Leib!’ Das muss man wörtlich nehmen. Wie muss der Geist der Erde zu den Kräften der Pflanzen sprechen? Wie muss er, nachdem er sich vereinigt hat mit dem Erden-Ich, zu den Säften, die in den Pflanzen strömen, sprechen? ‚Dies ist mein Blut!‘ So wie das Blut durch ihre Adern rinnt in ihrem Leib, so rinnt im Christusleib, im Erdenleib wörtlich das Blut Christi in den Pflanzensäften. Und wer möchte sagen, dass dadurch so etwas wie das Abendmahl nicht unendliche Vertiefung erfährt? Was empfindet man, wenn man empfindet, wie der astralische Leib des Christus sich mit dem der Erde vereinigt, und man in diesem Augenblicke den Sinn der Aussprüche, die soeben angeführt wurden, gewahr wird? Was empfindet der Mensch, wenn er sich ganz hineinlebt? Wie tief wird ihm da so etwas wie das Mysterium vom Abendmahl!“[27]

Christliche Feste sind demnach nicht Erinnerungen an längst vergangene Ereignisse, sondern Ausdruck realer Lebensvorgänge. Hans-Werner Schroeder (1931–2016), einer der prominenten Priester der

Christengemeinschaft, brachte das so zum Ausdruck wie es für das allgemeine anthroposophische Verständnis gesagt werden kann: „Dass die christlichen Feste nicht bloße Erinnerungsfeste sind, sondern jeweils sich vergegenwärtigende Ereignisse, gehört zu den Grundüberzeugungen der religiösen Erneuerung. Das ‚hodie natus est' der alten Messe: ‚Heute ist geboren', entspricht dadurch einer inneren Wahrheit. Nicht damals nur ist die Geburt geschehen, jedes Jahr verbindet sich der Christus zu Weihnachten neu mit Menschheit und Erde, er wird für sie von neuem ‚geboren' – wenn auch nicht als Kind im Stall zu Bethlehem. Der Zauber des Weihnachtsfestes beruht auf dieser inneren geistigen Realität." [28]

Das weihnachtliche Bild der Mutter mit dem Kind findet sich erweitert zu einem Bild der Mutter Erde mit dem Christus. Das kann der Mensch in seinem Bewusstsein nachvollziehen und von da aus die Jahresfeste begehen.

Das Kapitel kurz und knapp:

- Die intensive und bewusste Verbindung des Menschen mit der Natur anzuregen, ist ein Kernanliegen der Anthroposophie. Rudolf Steiner ging es in vielen diesbezüglichen Vorträgen und Vortragsreihen um Wirkungen, zu denen es kommt, wenn die jahreszeitlichen Ereignisse „festlich" mitvollzogen werden.
- Dieser christliche Festkreis im anthroposophischen Sinne beruht darauf, dass als das Wesentliche am Christentum nicht die Lehrinhalte, sondern die Taten und das Wesen des Christus verstanden werden. Indem der Sohn Gottes sich mit dem Leben der Erde und dem der Menschen verbunden hat, ist der Jahreslauf zu seinem Leben geworden.
- Die christlichen Feste können mit den phänologischen Jahreszeiten zusammen gesehen werden. Die Natur und das Leben Christi erscheinen als Einheit.
- Für das anthroposophische Verständnis geht das Naturerleben in eine christliche Erfahrung über. Das weihnachtliche Bild der Mutter mit dem Kind findet sich erweitert zu einem Bild der Mutter Erde, mit der Christus verbunden ist.

1.4 Jahreszeiten und Jahresfeste im Landwirtschaftlichen Kurs

Jahreszeiten und Jahresfeste sind traditionell eng mit den landwirtschaftlichen Traditionen verbunden. Das gilt auch für die biologisch-dynamische Landwirtschaft, die den jahreszeitlichen Wandel als Ausdruck des Lebens der Erde versteht. Auch ein besonderes Fest – das „Fest der Erde“ – könnte gefeiert werden.

Das landwirtschaftliche Jahr

Mit der Landwirtschaft, also der den Jahreszeiten folgenden Bearbeitung des Bodens, begann die vom Menschen bewirkte Kulturentwicklung. In seinen jahreszeitlichen Betrachtungen hat Rudolf Steiner darauf hingewiesen, welche Folgen das damit einsetzende bewusste Miterleben der Jahreszeiten für das menschliche Bewusstsein hatte: „Und so war das, was der Mensch als sein Wesen empfand, wie er sich eigentlich fühlte, nicht allein zu erlangen dadurch, dass man einfach Mensch war, sondern dass man mit dem Jahreslauf mitlebte, dass einem, um zum Ich-Bewusstsein zu kommen, die Himmel die Fenster öffneten, dass, um zum Bewusstsein der menschlichen Gestalt zu kommen, die Erde gewissermaßen ihre Geheimnisse entfaltete. Da war der Mensch eben innig, intim verbunden mit dem Jahreslaufe, so intim verbunden, dass er sich sagen musste: Ich weiß ja von dem, was ich als Mensch bin, nur dann, wenn ich nicht stumpf dahinlebe, sondern wenn ich mich erheben lasse im Sommer zu den Himmeln, wenn ich mich einsenken lasse im Winter in die Erdenmysterien, in die Erdengeheimnisse.“ [29]

Im *Landwirtschaftlichen Kurs* wurde über die Jahreszeiten unter verschiedenen Vorzeichen gesprochen. Besonders im Zusammenhang mit den Präparaten fallen schnell manche Ausführungen zu den entsprechenden Besonderheiten auf, die für die jeweiligen Herstellungsprozesse zu beachten sind. Unter dem Vorzeichen, dass es vor allem um Lebens- und Atmungsprozesse der Erde geht, lässt sich bei genauerem Studium der in Koberwitz gehaltenen Vorträge aber noch weit mehr zu all dem finden, was zusammenfassend als „Alchimie" (5,41) bezeichnet wurde. Und so gilt es als das „Allerwichtigste", jene Bedingungen zu beachten, unter denen der Weltenraum auf das Irdische wirken kann (2,18), wofür sogar genaue Zeitpunkte bestimmt werden können: „Die Prinzipien des anthroposophischen Kalenders, wie er dazumal veranlagt war, müssten genauer ausgeführt werden, dann könnte man sich nach solchem Kalender ganz genau richten." (F3,3)

Geht man von den drei Quellgründen aus (→ Band 2: 2.1 und 3.4), ergeben sich im Zusammenhang mit den jahreszeitlichen Prozessen und Wirkungen jeweils eigene Gesichtspunkte für diese „Alchimie" der biologisch-dynamischen Landwirtschaft. Der möglichst geschlossene Kreislauf, durch den sich das Leben in einem landwirtschaftlichen Betrieb in einem ausgewogenen Gleichgewicht entfalten kann, bezieht sich zunächst auf den Boden: „Und wenn man gar dann weitergeht und darauf sieht, wie dieses innere Leben des Erdbodens in feiner, ich möchte sagen, Dosierung ganz verschieden ist im Sommer und im Winter, dann kommt man auf Gebiete, die zwar für die Praxis von einer ungeheuren Bedeutung sind, die aber heute eben gar nicht berücksichtigt werden. Man muss schon, wenn man von der Betrachtung des Erdbodens ausgeht, sein Augenmerk darauf lenken, dass der Erdboden eine Art Organ ist in dem Organismus, der sich im Naturwachstum überall zeigt, wo eben ein solches Naturwachstum ist." (2,5) Im weiteren Fortgang, so Rudolf Steiner in Koberwitz, geht es dann darum, die Lebensprozesse und die „feinen, homöopathisch ausgebildeten Substanzen" aus diesem Organbereich in den Erdboden hinein zu ziehen. (2,12) Dieser Prozess der Durchdringung der Erde mit kosmischen Kräften ist jahreszeitlich verschieden ausgeprägt und erweitert die ökologische Dimension. Jeweils fünf Substanzen (Kuhmist, Quarz, Wasser, Eichenrinde und Asche), Pflanzen (Löwenzahn, Kamille, Schafgarbe, Baldrian und Brennnessel) und tierischen Hüllen (Horn, Blase, Darm, Gekröse und Schädel) werden dem ausgesetzt, um die biologisch-dynamischen Präparate entstehen zu lassen.

Indem in allen Lebewesen Form und Substanz miteinander verbunden werden, sind die eigentlichen, schöpferischen Kräfte wirksam. Ehrenfried Pfeiffer beschrieb das so: „Form und Substanz werden in der Natur durch einen Wachstumsprozess zusammengebracht. Die Form wird von der Materie durch die Ernährung, den Stoffwechsel, ausgefüllt. Es gibt also eine dritte Instanz, die das Bewegen und Verändern der Substanz in Form bewirkt. Dies ist das Prinzip der Bewegung in seiner weitesten Bedeutung. Es lebt im Hintergrund, wo immer es Wachstum und Entwicklung gibt, es ist die kosmische Bewegung. Diese kosmische Bewegung existiert in jedem Körper und Organismus, in Tier und Mensch. Diese Bewegung ist die dritte Kraft Gottes, in die wir hineinschauen, wenn wir durch den Stoffwechsel und die Zirkulation hindurch auf das schauen, was dahinter ist.“[30] Diese kosmische Bewegung, so Ehrenfried Pfeiffer, zeigt sich auch in den Jahreszeiten als winterliche Systole (Zusammenziehung) und sommerliche Diastole (Weitung).[31]

Der Übergang zum Frühling

Im *Landwirtschaftlichen Kurs* wurde von den Jahreszeiten der Übergang zum Frühling besonders betont. Es ist der in der Meteorologie als „Hochwinter“ oder „Mittwinter“ bezeichnete Zeitraum, für den Rudolf Steiner die Zeit zwischen Mitte Januar und Mitte Februar angab. Im Allgemeinen handelt es sich um die kälteste Zeit des Jahres, die in den mittleren Breiten eine Dauerfrostperiode von mehreren Tagen mit sich bringen kann. Der Übergang in den phänologischen

Vorfrühling mit der einsetzenden Haselblüte ist – verstärkt durch den anthropogenen Klimawandel – fließend.

Das Wintergeschehen wird in der Anthroposophie als Wachphase der Erde verstanden, die für die natürlichen Werde- und Wachstumsprozesse wichtig ist. Friedrich Benesch (1907–1991), der sich als Naturwissenschaftler, Priester und Anthroposoph intensiv mit der biologisch-dynamischen Landwirtschaft befasst hatte, beschrieb die Eigenarten dieser winterlichen Übergangszeit: „Diese Phänomene sind aber interessanterweise das Gegenteil von dem, was man sich unter Winter vorstellt, dass da alles hart und fest und schwer wird. Genau das Gegenteil ist der Fall: Es findet eine ätherische, eine lebensmäßige Auflockerung statt, durch die der Same die Bereitschaft zum Keimen, zum Wachsen und zum Blühen empfängt. Genauso geschieht es mit der Knospe am Baum, wenn da Frost darübergeht, mit den Augen von Wurzelstöcken, die in der Erde sind, oder auch mit den Wurzelstöcken der Getreidepflanzen, die im Herbst gesät wurden, sich bestockt haben und im Frühjahr noch einmal bestocken können. Dies ist das eigentliche Wintergeheimnis. Die Verdichtung, die Konsolidierung, erfolgt gerade erst im Frühling. Man meint immer: der Frühling habe auflösende Gewalt. Die hat er gerade nicht, sondern der Frühling verdichtet das Prozessual-Stoffliche mit sich selber und das Übersinnlich-Ätherisch-Lebendige mit dem Physischen wie das Physische mit dem Lebendigen. Der Winter stellt dagegen in den dunklen, feuchten und warmen Tiefen der Erde gerade Empfänglichkeit her. Denn es ist ja im Sommer und Herbst nicht nur Sonnenlicht, sondern auch geistige Sonnenwärme in die Erde eingezogen und bewirkt diese Bereitschaft zu wachsen. Das ist das Wintergeheimnis.“[32]

Der einsetzende Frühling bringt eine Verdichtung mit sich, an der viele Bodenlebewesen beteiligt sind. „In dem, was vom Herbst nicht verarbeitet wurde in den Wald-, Acker, und Wiesenböden, also in dem Bereich, aus dem die Pflanzen sich ernähren, aus dem sie herauswachsen, da beginnt mit Frühlingsbeginn eine intensive Tätigkeit. Diese besteht interessanterweise aber nicht so sehr darin, dass da etwas zersetzt wird – das geschieht meistens schon im Herbst –, sondern dass eine ganze Kette von hochinteressanten, beinahe unsichtbaren Lebewesen aus der Gruppe der Krebse, der Spinnen, der Asseln, der Milben, der Würmer, der Larven von diversen Insektenarten sowie Scharen von verschiedenartigen Bakterien dafür sorgen, dass eine Verdichtung erfolgt. Durch diese Verdichtung werden das anorganische Bodenartige, also was von der Verwitterung der Gesteine herstammt, und das organische Bodenartige, also was aus der Fäulnis der Pflanzenreste stammt, miteinander fest zu dem verbunden, was man im eigentlichen Sinne ‚Humus' nennt."[33] Das Frühlingsgeschehen besteht in der Verdichtung des Anorganischen mit dem Organischen zum Lebendigen des Humus, was Friedrich Benesch als das „große Mysterium der biologisch-dynamischen Landwirtschaft" bezeichnete.[34]

Das Fest der Erde

Das feierliche Begehen der Jahresfeste gehört schon immer zur traditionellen landwirtschaftlichen Kultur. Auch auf vielen biologisch-dynamisch bewirtschafteten Höfen werden die Jahresfeste als Ausdruck der jahreszeitlichen Rhythmen gestaltet und gefeiert. Aber im *Landwirtschaftlichen Kurs* war von solchen Jahresfesten interessanterweise gar nicht die Rede. Nur einmal sprach Rudolf Steiner über eine Festeszeit, die zwischen Mitte Januar und Mitte Februar, also in der Mittwinterzeit, eingerichtet werden könnte. Zu dem Hinweis kam es in der ersten Fragenbeantwortung am 12. Juni 1924, als es darum ging, welchen Einfluss ein Mensch auf Pflanzen und den Naturzusammenhang haben kann, wenn er ein meditatives Leben führt: „Wenn man insbesondere an dem Zeitpunkt, der von Mitte Januar bis Mitte Februar liegt, wo die Erde ihre größten Kräfte, welche namentlich am meisten in der Erde konzentriert sind, entfaltet, wenn man da sich sozusagen eine Festeszeit festsetzen würde und da eben solche Konzentrationen vornehmen würde, dann würden schon sich Wirkungen zeigen können.“ (F1,29 und 30)

Es ist bemerkenswert, dass der Hinweis auf eine solche neu einzurichtende Festeszeit damals in Koberwitz wohl überhört, und auch bis heute nicht oder nur sehr zurückhaltend aufgegriffen wurde. Denn die Zeit des Übergangs vom Winter zum Frühling, mit der im eigentlichen Sinne das landwirtschaftliche Jahr beginnt, ist aus anthroposophischer Sicht betrachtet tatsächlich eine sehr besondere. Analog zum Aufwachen am Morgen wird sich „der Geist der Erde“ im Winter seiner kosmischen Umgebung bewusst [35], aus der heraus dann in einem weiteren Übergangsgeschehen der Frühling einsetzt. Das könnte tatsächlich feierlich und festlich begangen werden.

„Nun müssen wir uns ja aus alledem die Vorstellung machen, dass gerade zur Winterzeit die Erde am allermeisten ein in sich geschlossenes Wesen ist. Sie hat aus dem Weltenall all das hereingenommen, was sie insbesondere an Geistigem hat hinausströmen lassen während der Sommerzeit. Die Erde ist also während der Tiefwinterzeit am meisten Erde; ihre eigentliche Wesenheit ist sie da. Und wir werden daher, um eine Grundlage bekommen zu können für weitere Betrachtungen, gerade das Wesen der Erde zur Winterzeit ins Auge zu fassen haben, werden natürlich dabei niemals vergessen dürfen, wie das, was für die eine Hälfte der Erde Winterzeit, für die andere Hälfte Sommerzeit ist. Das müssen Sie im Hintergrunde haben, dass dies so ist. Aber wir stellen uns jetzt einen Teil der Erde vor, wo heranrückt die Tiefwinterzeit. Da entfaltet die Erde dasjenige, was gerade in tiefstem Sinne ihr eigenes Wesen ist, was sie ganz zur Erde macht.“ [36]

In der Mittwinterzeit trägt die Erde alles in sich, was in der Sommerzeit entfaltet war, um es vom Kosmos anregen zu lassen.[37] Im *Landwirtschaftlichen Kurs* wurde diese Tatsache bereits zum Beginn der ganzen Vortragsreihe so dargestellt, dass der Zusammenhang mit der meditativen Vertiefung ersichtlich wurde: „Sie können sich am leichtesten emanzipieren von der Erdnähe und in den Einfluss des fernsten Kosmischen in der Erde drinnen kommen, in unserem heutigen Weltalter, man könnte sagen, in der Zeit zwischen dem 15. Januar und 15. Februar, also in dieser Winterzeit. Das sind eben Dinge, die man einmal als exakte Angaben anerkennen wird. Und das ist die Zeit, wo in der Erde die größte Kristallisationskraft, die größte Formkraft entwickelt werden kann für die mineralischen Substanzen. Die ist mitten im Winter. Da ist es dem Innern der Erde eigentümlich, von sich selbst am wenigsten abhängig zu sein in ihren Mineralmassen, und unter den Einfluss der kristallbildenden Kräfte, die in den Weiten des Kosmos sind, zu kommen." (2,14)

Zu einem „Fest der Erde" könnten die Wochen zwischen Mitte Januar und Mitte Februar ausgestaltet werden. Es wäre eine besondere Kulturtat innerhalb der biologisch-dynamischen Bewegung, das einhundert Jahre nach den Ereignissen von Koberwitz zustande zu bringen. Im Hinblick auf das Michaeli-Fest, das aus der Anthroposophie heraus neu gestaltet werden kann, sagte Rudolf Steiner, was sich ebenso auf ein Fest der Erde anwenden ließe: „Die Menschheit muss eine esoterische Reife erlangen dazu, nun wiederum nicht bloß abstrakt zu denken, sondern so konkret denken zu können, dass sie wieder Feste-schöpfend werden kann. Dann wird sie mit dem sinnlichen Erscheinungsverlaufe wiederum etwas Geistiges verbinden können." [38]

Das Kapitel kurz und knapp:

- Mit der Landwirtschaft, mit der den Jahreszeiten folgenden Bearbeitung des Bodens, begann die vom Menschen bewirkte Kulturentwicklung. Im *Landwirtschaftlichen Kurs* wurde über die Jahreszeiten besonders im Zusammenhang mit den Präparaten gesprochen.
- Der Erdboden ist eine Art Organ in einem Organismus, der sich im Naturwachstum zeigt. Es geht darum, die Lebensprozesse und die „feinen, homöopathisch ausgebildeten Substanzen" aus diesem Organbereich in den Erdboden hinein zu ziehen. Dieser Prozess der Durchdringung der Erde mit kosmischen Kräften ist jahreszeitlich verschieden ausgeprägt und erweitert die ökologische Dimension.
- Das Wintergeschehen wird anthroposophisch betrachtet als Wachphase der Erde verstanden, die für die natürlichen Werde- und Wachstumsprozesse wichtig ist. Der einsetzende Frühling bringt die Auflösung der Verfestigungs- und Kristallisationskräfte des Winters mit sich.
- Analog zum Aufwachen am Morgen wird sich „der Geist der Erde" im Winter seiner kosmischen Umgebung bewusst. Zu einem „Fest der Erde" könnten die Wochen zwischen Mitte Januar und Mitte Februar ausgestaltet werden.

1.5 Übungsaufgaben zu Teil 1

Übungsaufgaben zu den Kapitel 1.1 bis 1.4:

Bitte beantworten Sie die folgenden fünf Fragen zu den Inhalten der vorangegangenen Kapitel (die Lösungen finden Sie im Anhang dieses Buches):

1. Was sind phänologische Jahreszeiten, und wie viele unterscheidet man?
2. Was sagte Rudolf Steiner zur Wirkung der Jahresfeste in früheren Zeiten?
3. Was kann man als „Alchimie" der biologisch-dynamischen Landwirtschaft verstehen?
4. Welchen naturphilosophischen, der Anthroposophie sehr ähnlichen Ansatz verfolgte Friedrich Schelling?
5. In der biologisch-dynamischen Landwirtschaft wird der Erdboden als Organ verstanden. Wie wirken die Jahreszeiten auf den Erdboden, und was wird diesbezüglich durch die Präparate bewirkt?

Übungsaufgabe zum Thema „Atem der Erde“:

Im Kapitel 1.2 finden sich Beschreibungen zu den Jahreszeiten als Atem der Erde, nämlich:

- Die Erde ist ein lebendiger Organismus. Die Jahreszeiten sind seine Atmung.
- Diese Atmung ist dem Vorgang der Sinneswahrnehmung ähnlich, insofern ihr ein Nachbild folgt, das im Zusammenspiel von Nervenphysiologie und Ätherleib erst allmählich abklingt.

Schauen Sie sich jetzt bitte das Kapitel 1.4 nochmals an. Was ergibt sich bezüglich der Jahreszeiten und besonders des Winters, wenn man das zum Atem der Erde Gesagte auf die Ausführungen in diesem Kapitel anwendet? Machen Sie ein paar Notizen dazu, die Sie danach mit den Lösungen im Anhang vergleichen können.

TEIL 2

Landwirtschaftlicher Kurs (II)

2.1 Das Lebendige im Lebendigen halten

Motive aus dem Vortrag am 13. Juni 1924

Der biologisch-dynamischen Landwirtschaft liegt zugrunde, dass das Leben der Natur direkt erlebt und mitvollzogen wird. Im Sinne des Kreislaufgedankens kommt es bei allen Maßnahmen darauf an, das Lebendige im Lebendigen zu halten.

Komplement

Ein wichtiges Motiv ist das der Komplementarität. Es geht demnach nicht um alternative Methoden und Maßnahmen, sondern um Ergänzungen der landwirtschaftlichen Praxis, „was eben gerade aus einer lebendigen Anschauung der Welt auf den verschiedensten Gebieten des Lebens erfließen kann." (5,3) Im *Landwirtschaftlichen Kurs* wird das im Vortrag am 13. Juni bezüglich der Düngung in einem zweifachen Sinne entwickelt. Zum einen geht es darum auszugleichen, was durch „fortgesetztes Wirtschaften" verarmt wurde (5,11), zum anderen darum, die Pflanzen dazu zu befähigen, die im Boden enthaltenen Wirkungen aufnehmen zu können. (5,14) Der Ansatz ist ein komplementär-systemischer, insofern nicht versucht wird, einen Mangel durch direkte Zufuhr von Substanzen auszugleichen, sondern beispielsweise Pflanzen darin zu stärken, den gewünschten Ausgleich selbst zu bewirken.

Das Gemeinte wird verständlicher, wenn man es im Vergleich zur so genannten Komplementärmedizin sieht, in der ebenfalls allgemein vorherrschende Therapieformen ergänzt werden, um den erkrankten Organismus in die Lage zu versetzen, heilende Kräfte selbst aufrufen zu können. Auf die Landwirtschaft übertragen geht es darum, die Erde zu beleben, was aber nur gelingen kann, wenn auf das Organische mit Organischem gewirkt wird: „Man muss die Erde direkt beleben, und das kann man nicht, wenn man mineralisierend vorgeht, das kann man nur, wenn man mit Organischem vorgeht, das man in eine entsprechende Lage bringt, so dass es organisierend, belebend auf das Feste, Erdige selber wirken kann." (5,8)

Am Vortag war bereits dargestellt worden, wie hilfreich es ist, wenn Pflanzen in eine lebendige Erde gebracht werden. In diesem Sinne war die Wirkung der Komposterde erläutert worden. Nun wird weiter ausgeführt, dass die Erde aus dem „Weltenumkreis" in homöopathischer Dosierung Stoffe aufnimmt, die von den Pflanzen benötigt werden. Rudolf Steiner unterscheidet hier „lebendige" und „substantielle" Kräfte – diese Unterscheidung ist für ein Verständnis der Wirkung der Präparate essenziell bedeutend –, womit wieder der Zusammenhang des Geistig-Kosmischen mit dem Stofflich-Irdischen angesprochen ist, mit dem wir uns bereits beschäftigt haben (→ Band 2: 3.2):

„Denn für die Pflanze sind viel wichtiger lebendige Kräfte als bloß die substantiellen Kräfte, als bloß die Substanzen. Wenn wir nach und nach einen Boden haben würden, der noch so reich an dieser oder jener Substanz ist, er würde dem Pflanzenwachstum doch nichts nützen, wenn wir der Pflanze nicht durch die Düngung die Fähigkeit beibringen würden, dasjenige, was der Boden enthält an Wirkungen, auch in den eigenen Leib aufzunehmen. Darum handelt es sich ja." (5,14)

Zur Charakterisierung der Kräfte, um die es bei der Düngung geht, sprach Rudolf Steiner im *Landwirtschaftlichen Kurs* immer wieder von einer „Strahlung"[39], bzw. von „strahlenden Kräften". So auch jetzt: „Nun weiß man eben heute gar nicht, wie geringe Mengen dann gerade, wenn es auf das Lebendige ankommt, außerordentlich stark wirken. Ich denke aber, seit den Untersuchungen von Frau Dr. Kolisko über die Wirkungen kleinster Entitäten, die in so glänzender Weise alles dasjenige, was bisher Tappen und Tasten in der Homöopathie war, auf eine so gründliche wissenschaftliche Basis gestellt haben, ich denke, seit der Zeit kann man es durchaus als wissenschaftlich ansehen, dass in kleinen Entitäten, in kleinen Mengen gerade die strahlenden Kräfte, die gebraucht werden in der organischen Welt, dadurch entbunden werden, dass man kleinste Mengen in entsprechender Weise verwendet." (5,15)

Indem man sich mit derlei Erläuterungen beschäftigt, wird man nicht umhin kommen, sich zu fragen, ob man Kräfte außerhalb des physikalisch Messbaren – jedenfalls hypothetisch – anerkennen kann. Damit, und wie derlei Kräfte mit eigenen Verfahren dennoch nachgewiesen werden können, beschäftigten sich schon damals Naturwissenschaftler:innen im Umkreis Rudolf Steiners. Unter ihnen traten Eugen und Lili Kolisko, sowie Ehrenfried Pfeiffer und Guenther Wachsmuth besonders hervor, die mit der „Steigbildmethode" bzw. der „Kupferchloridkristallisation" Methoden entwickelt hatten, die noch heute in der biologisch-dynamischen und anthroposophisch-medizinischen Forschung zur Anwendung kommen.[40]

Im vorangegangenen Vortrag hatte Rudolf Steiner im Zusammenhang mit dem Hornmistpräparat von solchen Strahlen gesprochen, die im Horn eine „Ätherisierung und Astralisierung" bewirken, wodurch das Lebendige in der Mistsubstanz konserviert wird. (4,29) Dieses „Lebendige" wird mit dem Präparat in kleinen Entitäten in die organische Welt ausgebracht, was besagtem komplementär-systemischen Ansatz der biologisch-dynamischen Landwirtschaft entspricht: „Aber in der mannigfaltigsten Art und Weise muss einmal versucht werden, dem Dünger wirklich die rechte Lebendigkeit zu geben, die Konsistenz zu geben, dass er von selber soviel Stickstoff, soviel von den anderen Stoffen behält, als er braucht, ihm die Tendenz zu geben zur Lebendigkeit, die ihn dann wieder befähigt, der Erde die entsprechende Lebendigkeit zuzuführen." (5,16)

Pflanzen, Substanzen und Hüllen

Nachdem noch einmal grundsätzliches zu den Wirkungen der Düngung ausgeführt worden war, geht es nun um Herstellung und Anwendung von Präparaten, die jeweils aus fünf verschiedenen Pflanzen – Schafgarbe, Kamille, Brennnessel, Löwenzahn und Baldrian – hergestellt werden. Ebenfalls wird als weitere Substanz die Eichenrinde vorgestellt – im *Landwirtschaftlichen Kurs* ist von insgesamt fünf Substanzen (Kuhmist, Quarz, Wasser, Eichenrinde und Asche) die Rede, die zur Anwendung kommen. Wir ordnen die Eichenrinde den Substanzen (und nicht den Pflanzen) zu, weil Baumrinde im *Landwirtschaftlichen Kurs* als „aufgestülpte Erde" (4,11 und 7,6 bis 8) bezeichnet wird, in der die eigentlichen Pflanzen – gemeint sind die Blätter, Blüten und Früchte – wachsen. Überdies werden nacheinander fünf tierische Hüllen (Horn, Blase, Darm, Gekröse und Schädel) und ihre Verwendung beschrieben.

Wenn bisher bereits einiges zum allgemeinen Unterschied der „lebendigen" und „substanziellen" Kräfte, also zum Zusammenwirken des „Kosmischen" und „Irdischen" usw., erläutert wurde, folgen nun Ausführungen, die auf einem ebenfalls besonderen Verständnis von Pflanzenart und -wesen (→ Band 2: 3.2) beruhen. An den Beschreibungen zur Schafgarbe, die von den fünf Präparatepflanzen* als erste besprochen wird, lässt sich exemplarisch zeigen, wie Rudolf Steiner der Zuhörerschaft ein lebendiges Bild dieser krautigen Pflanze vermittelt. So bezeichnet er sie als „Wunderwerk", mit dem sich besondere Eigenschaften verbinden, die zu einer „Schafgarbenhaftigkeit" gehören. Es geht also nicht nur um äußere Merkmale der Erscheinung, sondern vor allem um die Wirkung des Pflanzenwesens im Zusammenhang der Natur. Dabei erfasst die Betrachtung einen charakteristischen Prozess:

---

*) Den Ackerschachtelhalm (6,40) rechnen wir nicht zu den „Präparatepflanzen", weil der aus ihm zubereitete Tee anders zubereitet und verwendet wird, insofern die Jahreszeiten bzw. Konstellationen keine Rolle spielen.

„Diese Schafgarbe stellt sich in der Natur so dar, als wenn irgendwelcher Pflanzenschöpfer bei dieser Schafgarbe ein Modell gehabt hätte, um den Schwefel in der richtigen Weise zu den anderen Pflanzensubstanzen in ein richtiges Verhältnis zu bringen. Man möchte sagen: Bei keiner anderen Pflanze bringen es die Naturgeister zu einer solchen Vollendung, den Schwefel zu verwenden, wie bei der Schafgarbe. Und wenn man bekannt ist mit der Wirkung der Schafgarbe im tierischen und im menschlichen Organismus, wenn man weiß, wie da diese Schafgarbe wirklich alles das, wenn es in der richtigen Weise ins Biologische gebracht wird, was an einer Schwäche des astralischen Leibes liegt, ausbessern kann, so kann man sie weiterhin verfolgen in ihrer Schafgarbenhaftigkeit in dem ganzen Naturprozess des Pflanzenwachstums. Sie ist schon außerordentlich wohltätig, wenn sie in einer Gegend wild wächst an den Rändern der Äcker oder Wege, wo Getreidebau oder auch Kartoffel- oder irgendein anderer Bau getrieben wird. Man sollte die Schafgarbe durchaus nicht ausrotten. Man sollte die Schafgarbe behüten davor selbstverständlich, sich irgendwo anzusiedeln, wo sie lästig ist – schädlich ist sie eigentlich nirgends, lästig kann sie werden –, aber wie manche sympathische Menschen in der Gesellschaft durch ihre bloße Anwesenheit wirken nicht durch das, was sie sprechen, so wirkt die Schafgarbe in einer Gegend, wo sie viel wächst, schon durch ihre Anwesenheit außerordentlich günstig.“ (5,19)

Mit dem Schafgarbenpräparat kann dem Dünger die Möglichkeit zurückgegeben werden, die Erde derart zu beleben, dass bestimmte kosmische Stoffe in feinster Dosierung aufgefangen werden. (5,22) Um diese Wirkung der Schafgarbe als Präparat erreichen zu können, wird eine aus den Blütenständen entsprechend zubereitete Masse in einer Blase vom Edelwild – die „fast ein Abbild des Kosmos“ ist (5,24) – zunächst einen Sommer lang über der Erde und danach einen Winter lang unter der Erde verwahrt. Damit werden die Kräfte der Schafgarbe verstärkt und zur Aufbesserung des Düngers erschlossen, der Leben in sich aufnimmt und auf die Erde überträgt. (5,25)

Am Beispiel der Beschreibung zur Schafgarbe und des mit ihr zu gewinnenden Präparats – die anderen Präparatepflanzen werden im Vortrag in gleicher Weise besprochen – wird deutlich, dass und wie Rudolf Steiner im *Landwirtschaftlichen Kurs* nicht allein über die äußere Erscheinung, sondern vor allem über den zugrundeliegenden Prozess der Entwicklung und Verbundenheit spricht. Führen wir uns jetzt noch einmal vor Augen, wie in den vorangegangenen Vorträgen dadurch das Hauptaugenmerk vom Sein zum Werden gelenkt wurde (→ Band 1: 3.2): Einzelne Pflanzen werden als Organe in einem Organismus verstanden, und auch der Erdboden selbst als ein „wirkliches Organ", das sich wie das Zwerchfell im Menschen ausnimmt. (2,6) Der landwirtschaftliche Betrieb wäre dann wie ein auf dem Kopf stehender Mensch. Die infrage kommenden Prozesse lassen sich darum organismisch deuten: „Da unten in der Erde ist etwas, was bedürftig ist, wie etwa die menschliche Lunge des Sauerstoffs bedürftig ist, aber bedürftig ist des Stickstoffs; und das ist das Kalkige. Da unten in der Erde, das Kalkige in der Erde ist tatsächlich, man möchte sagen, ebenso auf eine Art Stickstoffeinatmung angewiesen, wie die menschliche Lunge auf die Sauerstoffeinatmung angewiesen ist." (3,40)

Lässt man diese besondere Art der Beschreibung auf sich wirken, wird zugänglich, dass Rudolf Steiner den landwirtschaftlichen Betrieb selbst als lebendes Wesen versteht, das über Organe, einen Organismus, über Persönlichkeit und Individualität verfügt. In allen Vorträgen des Kurses klingt das immer wieder an. Es handelt sich um ein Schlüsselmotiv zum Verständnis der biologisch-dynamischen Landwirtschaft, deren Anspruch es ist, dem Leben in der Natur mit lebendigen Kräften zu begegnen. Eben das bezeichnet Rudolf Steiner schließlich als „Alchimie". (5,41)

Verarmung und Ausgleich

Mit der Landwirtschaft ist immer eine Verarmung des Bodens verbunden, der entgegengewirkt werden muss. In diesem Sinne ergänzen die Präparate einerseits den Dünger, indem sie andererseits im Boden Reaktionen und davon ausgehende Prozesse bewirken. Es ist so gesehen etwas Zweifaches. Am Beispiel des mit der Brennnessel hergestellten Präparats wird beschrieben, „dass dieser Dünger innerlich empfindlich wird, richtig empfindlich wird, so dass er, wie wenn er jetzt vernünftig geworden wäre, nicht sich gefallen lässt, dass irgend etwas in einer unrichtigen Weise sich zersetzt und irgend etwas in einer unrichtigen Weise den Stickstoff ablässt und dergleichen.“ (5,33) Das, so Rudolf Steiner weiter, kommt einer „Durchvernünftung“ des Bodens gleich.

Für die Qualität der landwirtschaftlichen Produkte hat das unmittelbar Folgen, insofern die lebendigen Kräfte vom Boden auf die Pflanzen übergehen, die ihrerseits zur Nahrung der Menschen werden. Dabei geht es aber wieder nicht nur um „substanzielle“, sondern vor allem um „lebendige“ Kräfte, die die Nährkraft ergeben. (5,34)

Legt man dieses Verständnis zugrunde, zeigen sich auch die Pflanzenkrankheiten als Mangelerscheinungen, als Ausdruck einer systemischen Schwäche in der Lebensumgebung der Pflanzen. Der Impuls des Heilens setzt da an: „Beim Kurieren kommen eben ganz andere Gesichtspunkte in Betracht als die, die man heute hat für das Beschreiben von Krankheiten. [...] Heilen muss man nicht nach dem histologischen oder mikroskopischen Befund, zu heilen muss man wissen aus den großen Zusammenhängen heraus. So ist es auch gegenüber der Pflanzennatur.“ (5,35) Die Pflanze, als Organ in einem Organismus verstanden, wird zum einen als Lebewesen gesehen, das für seine Entwicklung auf eine entsprechend gesunde Umgebung angewiesen ist. Zum anderen geht es darum, die Pflanze selbst in ihrem eigenen Leben zu unterstützen und zu fördern.

Der Umgang mit der Natur beruht im Sinne der biologisch-dynamischen Landwirtschaft darauf, Boden, Pflanzen und Tiere als Mitwesen sehen und erleben zu können. In der Diktion Rudolf Steiners tritt das im *Landwirtschaftlichen Kurs* in allen Vorträgen zu tage. Dabei gilt zu beachten, dass dem nicht ein animistisches Verständnis der Natur im ethno-religiösen Sinne zugrunde liegt. Vielmehr geht es – dem anthroposophischen Anspruch gemäß – um eine Erfahrungs- und Erkenntnisqualität, aus der heraus das Leben der natürlichen Mitwelt konkret erfasst und mitvollzogen werden kann. Boden, Pflanzen und Tiere sind Subjekte, mit denen der Mensch das Leben teilt. So nimmt es nicht Wunder, wenn von „Empfindungen" der Pflanzen die Rede ist. Das Gemeinte erschließt sich aus einer besonderen Zuwendung, die zu entsprechenden Maßnahmen führt:

„Denn die Pflanzen müssen ja, damit sie wirklich wachsen können, eine Art Empfindung haben. Wie ich als Mensch vor einem stumpfen Kerl vorbeigehen kann, er empfindet es nicht, so kann natürlich alles im Boden und über dem Boden an einer stumpfen Pflanze vorbeigehen; sie empfindet es nicht, sie kann es auch nicht in den Dienst ihres Wachstums stellen. Aber wird die Pflanze auf diese Weise, in der feinsten Weise mit Kieselsäure durchzogen, durchlebt, dann ist sie so, dass sie empfindsam wird gegen alles und alles heranzieht. Man kann aber sehr leicht die Pflanze dazu bringen, dass sie nur einen ganz kleinen Umkreis, der um sie herum ist, in der Erde benützt, um heranzuziehen, was sie braucht. Das ist natürlich nicht gut. Bearbeitet man den Erdboden so, wie ich es eben geschildert habe, dann wird die Pflanze bereit, im weiten Umkreis die Dinge heranzuziehen. Der Pflanze kann zugute kommen nicht nur das, was auf dem Acker ist, sondern auch dasjenige, was im Boden der nächsten Wiese ist, wenn sie es braucht. Der Pflanze kann es zugutekommen, was im Waldboden ist, der in der Nähe ist, wenn sie in dieser Weise innerlich empfindlich gemacht wird." (5,44)

Das Kapitel kurz und knapp:

- Ein wichtiges Motiv zum Verständnis der biologisch-dynamischen Landwirtschaft ist das der Komplementarität. Es geht darum Verarmungen auszugleichen und ebenso darum, die Pflanzen dazu zu befähigen, die im Boden enthaltenen Wirkungen aufnehmen zu können.
- Rudolf Steiner unterscheidet „lebendige" und „substantielle" Kräfte, die außerhalb des physikalisch Messbaren mit der „Steigbildmethode" bzw. der „Kupferchloridkristallisation" nachgewiesen werden können.
- Im *Landwirtschaftlichen Kurs* werden zur Herstellung der Präparate fünf Pflanzen (Schafgarbe, Kamille, Brennnessel, Löwenzahn und Baldrian), fünf Substanzen (Kuhmist, Quarz, Wasser, Eichenrinde und Asche) und fünf tierische Hüllen (Horn, Blase, Darm, Gekröse und Schädel) vorgestellt.
- Die biologisch-dynamischen Präparate ergänzen und beleben den Dünger. Sie bewirken im Boden Reaktionen und davon ausgehende Prozesse. Die Pflanze wird dazu befähigt, lebendige Kräfte aufzunehmen.

2.2 Die Natur ist ein Ganzes

Motive aus dem Vortrag am 14. Juni 1924

Versteht man die Erde als lebendigen Organismus, erschließen sich mehrere Ebenen der Wahrnehmung. Einzelnes wird in seiner Bedeutung für das Ganze verstanden. Alle landwirtschaftlichen Maßnahmen werden das berücksichtigen, was Ausdruck einer erneuerten Agrikulturweisheit ist.

Die Pflanzen und der Kosmos

Mit der landwirtschaftlichen Betätigung greift der Mensch in ein lebendes System ein. Den eigenen Absichten und Erwägungen folgend verändert er es. Versteht man die Natur als Ganzes, wird jeder kultivierende Eingriff vom entsprechenden Respekt begleitet sein, aus dem heraus Leitlinien für die beabsichtigten Maßnahmen entwickelt werden. Einerseits geht es darum eine ausgewogene Übereinstimmung zwischen dem Vorgefundenen und dem Beabsichtigten zu finden, andererseits werden die Maßnahmen selbst möglichst weitgehend aus den Bedingungen und Erscheinungen des natürlichen Lebens vor Ort abgeleitet. Dazu hatte Rudolf Steiner in den vorangegangenen Vorträgen bereits einiges entwickelt, als er nun darauf zu sprechen kommt, wie man mit der teilweise unerwünschten Begleitvegetation umgehen kann.

Der zeitgeschichtliche Hintergrund ist bemerkenswert, denn Anfang des 20. Jahrhunderts vollzog sich gerade eine gravierende Veränderung in der allgemeinen landwirtschaftlichen Praxis, insofern im Zuge der Industrialisierung und dem fortschreitenden großflächigen

Anbau von Monokulturen seither Herbizide zur Unkraut- und Insektizide zur Schädlingsbekämpfung eingesetzt werden. Die bis dahin üblichen manuellen oder rein mechanischen Methoden wurden durch den Einsatz chemischer Gifte ersetzt. Zunächst verwendete man Eisen- und Kupfersulfat, später auch Schwefelsäure, Natriumchlorat und Dinitrokresol.

Demgegenüber beginnt Rudolf Steiner seine Ausführungen mit der grundsätzlichen Feststellung, dass die als „Unkraut" bezeichneten Wildpflanzen vor dem „Forum der Natur" ebenso berechtigt sind wie alle anderen Pflanzen auch, es aber dennoch um die Frage geht, „wie man von einem gewissen Feldgebiete wegkriegt gerade dasjenige, was dort nicht beabsichtigt ist, aber durch den allgemeinen Naturzusammenhang dort wächst." (6,2) Der gewählte Ansatz ist ein systemischer, denn es wird nun zunächst einiges zu den Besonderheiten pflanzlichen Lebens ausgeführt, und danach zu Methoden, wie dieses Leben im Sinne der landwirtschaftlichen Absichten gelenkt werden kann. Es geht also von Beginn an um Maßnahmen, die mit, nicht gegen die Natur erfolgen. Dieser Ansatz ist für die biologisch-dynamische Landwirtschaft prinzipiell.

Zunächst geht es um den Einfluss der erdnahen (Merkur, Venus und Mond, der ebenfalls als „Planet" bezeichnet wird) und erdfernen Planeten (Jupiter, Mars und Saturn). Während erstere „über den Umweg durch die Erde" vor allem auf die Fortpflanzung wirken, stehen die erdfernen Planeten im Zusammenhang mit der Fruchtbildung. (6,3) Diese Kräftewirkungen müssen berücksichtigt werden, wenn man das Pflanzenwachstum beeinflussen will. Bezüglich der Unkräuter (oder besser „Beikräuter") geht es vor allem um die Mondwirkungen, die im Kosmos so wirken, dass das Irdische derart verstärkt wird, dass sich das Wachstum zur Reproduktion steigert: „Es ist schon eine starke und sehr organisierende kosmische Kraft, die da vom Mond heruntergestrahlt wird in die Pflanzen, damit der Pflanze auch mit Bezug auf das Samenhafte gedient werden kann, damit sich die Wachstumskraft erhöht zur Fortpflanzungskraft." (6,10)

Diese Mondwirkungen gilt es zu unterbinden, um der Fortpflanzung der Unkräuter eine Grenze zu setzen. Der Erdboden soll so behandelt werden, dass er dadurch „ungeneigt" wird, die Mondwirkungen aufzunehmen. Die Methode besteht darin, Samen – in ähnlicher Weise kann auch mit unerwünschten Insekten und Tieren verfahren werden – der unerwünschten Pflanzen zu sammeln, sie zu veraschen und die Verbrennungsrückstände auszustreuen. Rudolf Steiner erläutert: „Jetzt aber sammeln wir von diesem Unkraut eine Anzahl von Samen, dasjenige also, worin sich die Kraft, von der ich gesprochen, zuletzt abgeschlossen hat. Wir zünden uns nun eine Flamme an – eine einfache Holzflamme ist am besten – und verbrennen diese Samen und sammeln sorgfältig alles, was sich als Asche ergibt. Wir verschaffen uns verhältnismäßig wenig auf diesem Wege von dieser Asche. Aber wir haben ja jetzt buchstäblich bei denjenigen Pflanzen, die wir so behandelt haben, indem wir den Samen haben durchs Feuer gehen lassen, in Asche verwandelt haben, in der Asche konzentriert die entgegengesetzte Kraft von dem, was entwickelt wird in der Anziehung der Mondenkräfte." (6,13) Nachdem diese Prozedur vier Jahre wiederholt wurde – „Diese Wirkungen sind eigentlich vierjährig." (6,26) –, würden sich die gewünschten Wirkungen zeigen.

Instinktive Agrikulturweisheit

Derlei Maßnahmen gingen früher aus einer „instinktiven Agrikulturweisheit" (6,15) hervor. Rudolf Steiner knüpft mit dieser Bemerkung an methodische Hinweise an, die er in den vorangegangenen Vorträgen gegeben hatte: Das landwirtschaftliche Handeln kann auch heutzutage auf Intuitionen beruhen, die einer fortentwickelten, einst instinktiven Agrikulturweisheit entsprechen.[41] Dabei geht es zunächst vor allem darum, dass den eigenen vertieften Erfahrungen und den daraus hervorgehenden inneren Erlebnissen vertraut werden kann.

Wenn man so will, spricht der landwirtschaftliche Organismus in gewisser Weise von sich selbst. Mit der entsprechenden Aufmerksamkeit verbindet sich zugleich die Erfahrung der Evidenz: „Denn wie weiß man denn die Dinge innerlich? Man weiß sie so, dass sie eben innerlich durch ihre Qualität feststehen [...]“ (6,15)

Am Vortag war Rudolf Steiner von Alfred Usteri (1869–1948), einem promovierten Biologen und Gärtner, hinsichtlich des Eintretens des chaotischen Zustands im Samen-Eiweiß nach den Beziehungen zwischen der pflanzlichen und tierischen Eizelle gefragt worden. Im Rahmen seines Dialogs mit Usteri bemerkte Rudolf Steiner, dass seine Ausführungen im *Landwirtschaftlichen Kurs* anders als vor Naturwissenschaftlern seien und erläuterte zur gestellten Frage exemplarisch: „Wollte man naturwissenschaftlich reden, so sollte man den radikalen Unterschied zwischen dem tierischen und dem pflanzlichen Samen auseinandersetzen, der ist außerordentlich wichtig. Der Same bei der Pflanze, was trägt er von der Mutterpflanze auf die Tochterpflanze hinüber? Lediglich die Form, also dasjenige, was neu aufgebaut wird, ist Anfang der Form, ist die neue Form bei der Pflanze. Beim tierischen Keim geht aber nicht bloß die Form, sondern es geht die Lebensessenz über, sodass man also zwei ganz voneinander verschiedene Dinge in der Pflanze und in dem Tier hat. In diesen Dingen redet man heute möglichst ungenau. Die exakte Wissenschaft zeichnet sich dadurch aus, dass sie möglichst unexakt redet. Die exakte Wissenschaft geht bei solchen Dingen, wo sie annähernd beschreibt – die Keime bei Tieren und Pflanzen – so vor, dass das immer miteinander verwässert wird. Ebenso spricht man vom Tode. Der Tod ist etwas ganz anderes bei der Pflanze, beim Tier und wieder etwas ganz anderes beim Menschen. Man darf heute sogar vom Tod der Maschinen, Mineralien reden. Der Tod kann nicht einheitlich behandelt werden in dieser Weise. Die Dinge müssen spezialisiert werden. Bei der Pflanze ist es die Form, die übergeht, beim Tier ist es mit der Form zugleich das Leben. Dadurch ist ein gewaltiger Unterschied gegeben.“ (F2,23) Die allgemeinen, für Landwirte gegebenen Ausführungen zum Chaos in der Samenbildung finden sich um naturwissenschaftlich exakte, „spezialisierte" Erläuterungen erweitert.

Damit ist implizit etwas Wichtiges zur Agrikulturweisheit gesagt, um die es im *Landwirtschaftlichen Kurs* geht, nämlich dass sie als Ergänzung – nicht als Ersatz – der naturwissenschaftlichen Forschungsergebnisse zu verstehen ist. Es kommt auf das Bewusstsein des in der Landwirtschaft tätigen Menschen an, das einerseits die vor Ort infrage kommenden Bedingungen und Notwendigkeiten, und andererseits das bis zu den Sternen reichende Naturganze erfasst. Was sich so ergibt, ist vom einzelnen Menschen abhängig und ortsspezifisch. Es lässt sich darum – anders als die naturwissenschaftlichen Erkenntnisse – auch nur bedingt verallgemeinern: „Und sehen Sie, es handelt sich darum, dass man ja auf diese Weise wirklich dahin kommt, ohne irgendwie im geringsten abergläubisch zu sein, mit den Sternenwirkungen zu rechnen. Es ist nur eben so, dass vieles sich später in bloßen Aberglauben verwandelt, was ursprünglich ein Wissen war. Natürlich kann man nicht den Aberglauben aufwärmen. Man muss wiederum von einem Wissen ausgehen; aber dieses Wissen, das muss nun durchaus erworben werden auf eine geistige Art, und nicht bloß auf eine physisch-sinnliche Art." (6,22)

Ein wissendes Verhältnis zur Erde

In der Anthroposophie wird die Erde als lebendiger Organismus verstanden. (→ Band 1: 1,2) Dadurch ergeben sich charakteristische Gesichtspunkte für die Landwirtschaft, die hinsichtlich der Pflanzen und Tiere mit den Bedingungen und Prozessen dieses Lebens rechnet. Im *Landwirtschaftlichen Kurs* finden sich viele Ausführungen, die berücksichtigen, inwiefern Kräfte über oder unter der Erde auf die Pflanzen wirken. Dabei hat der Kosmos mit seinen Sternen und Planeten große Bedeutung, die es zu beachten gilt. So kommt es darauf an, „dass man mit der Erde in ein solches Verhältnis kommt, dass man weiß, dass es auf der einen Seite richtig ist, dass die Erde die Fähigkeit bekommt, namentlich durch die Mond- und Wasserwirkungen Pflanzliches aus sich heraus hervorzubringen. Aber dasjenige, was in der Pflanze ist, was in jedem Wesen ist, trägt auch den Keim zu seiner eigenen Vernichtung in sich. So, wie das Wasser auf der einen Seite ist ganz und gar ein Erfordernis des Fruchtbaren, so ist das Feuer ein Zerstörer der Fruchtbarkeit. Es zehrt die Fruchtbarkeit auf. Wenn Sie daher dasjenige vom Feuer in entsprechender Weise behandeln lassen, was sonst durch das Wasser behandelt wurde zur Fruchtbarkeit – das Pflanzliche –, so schaffen Sie innerhalb des Haushalts der Natur eben Vernichtung. Das ist das, was man da berücksichtigen muss. Ein Same entwickelt Fruchtbarkeit weithin durch das monddurchtränkte Wasser. Ein Same entwickelt weithin Zerstörungskraft durch das sonnendurchtränkte Feuer und überhaupt kosmisch durchtränktes Feuer, wie wir das nach dem letzten Beispiel gesehen haben." (6,30)

Auch das Verständnis der so genannten Pflanzenkrankheiten verändert sich unter der Voraussetzung, dass die Erde als lebendiger Organismus verstanden wird. Pflanzenkrankheiten, so Rudolf Steiner, gibt es eigentlich nicht. „Denn eine eigentliche Krankheit ist ohne das Vorhandensein eines astralischen Leibes nicht möglich." (6,34) Über einen astralischen Leib verfügen aber nur die Tiere und die Menschen. Durch den Ätherleib ist er mit dem physischen Leib verbunden. Gerät diese Verbindung aus dem Gleichgewicht – wenn „der astralische Leib sich stärker in den physischen Leib hineindrängt" (6,34) –, ergeben sich die Krankheiten. Bezüglich der Pflanzen ist es die umgebende Erde, die aus dem Gleichgewicht geraten kann. Beispielsweise kann durch einen zu nassen Winter der Einfluss der „Mondenkraft" zu stark werden, wodurch dasjenige was in der Samenbildung eintritt, verfrüht wirksam wird. Infolge kommt es zu Parasitenbefall und Pilzbildungen. „Die Mondenwirkung bewirkt dann, dass die Samenbildung nicht Kraft genug hat. Der Same wird etwas von absterbendem Leben in sich bekommen, und durch dieses absterbende Leben bildet sich gewissermaßen über dem ersten Erdboden, über dem ersten Niveau ein zweites Niveau. Da ist zwar nicht Erde, aber dieselben Wirkungen sind da, sind drüber. Die Folge davon ist, dass der Same der Pflanze, das Obere der Pflanze, wird eine Art Boden für andere Organismen. Parasiten, Pilzbildungen treten auf. Allerlei Pilzbildungen treten auf. Und wir sehen die Brandkrankheiten der Pflanzen und dergleichen auf diesem Wege sich bilden. Da wird durch eine zu starke Mondenwirkung von der nötigen Höhe abgehalten eben dasjenige, was von der Erde hinaufwirken soll. Es hängt durchaus die Fruchtbarkeitskraft davon ab, dass die Mondenwirkung normal, nicht zu stark ist.“ (6,38)

Wie gesagt kommt es darauf an, die Erde als lebendigen Organismus in einem großen, bis in den Kosmos reichenden Zusammenhang zu verstehen. Pflanzen nehmen sich darin wie Organe aus, deren Leben auf einem ausgewogenen Gleichgewicht der Prozesse beruht. Einsicht und Verständnis davon ergeben sich aus der systemischen Gesamtschau. Rudolf Steiner verdeutlicht das eindrücklich mit dem Beispiel der Magnetnadel: „Geradeso, wie man bei der Magnetnadel die ganze Erde, um die Eigenschaften der Magnetnadel zu erklären, heranziehen muss, so muss man eben, wenn man an die Pflanzen kommt, nicht bloß auf das Pflanzliche, Tierische, Menschliche sehen, sondern man muss das ganze Universum zu Rate ziehen. Denn aus dem ganzen Universum ist all das Leben heraus, nicht bloß aus demjenigen, was die Erde uns überlässt. – Die Natur ist ein Ganzes, von überall her wirken die Kräfte. Wer einen offenen Sinn hat für das offensichtliche Kräftewirken, der begreift die Natur.“ (6, 42 und 43)

Das Kapitel kurz und knapp:

- Versteht man die Natur als Ganzes, wird jeder kultivierende Eingriff vom entsprechenden Respekt begleitet sein, aus dem heraus Leitlinien für die beabsichtigten Maßnahmen entwickelt werden. Es geht also von Beginn an um Maßnahmen, die mit, nicht gegen die Natur erfolgen. Dieser Ansatz ist für die biologisch-dynamische Landwirtschaft prinzipiell.
- Es geht um die Einflüsse der erdnahen und erdfernen Planeten, deren Kräftewirkungen berücksichtigt werden müssen, wenn man das Pflanzenwachstum und die Ausbreitung von Unkräutern beeinflussen will.
- Wie früher aus einer instinktiven Agrikulturweisheit gehandelt wurde, kann auch heutzutage auf Intuitionen zurückgegriffen werden, die sich aus einem ganzheitlich verstandenen Verhältnis zur Natur ergeben. Insofern kommt es in der biologisch-dynamischen Landwirtschaft sehr auf das Bewusstsein des in der Landwirtschaft tätigen Menschen an.
- In der Anthroposophie wird die Erde als lebendiger Organismus verstanden, wodurch sich charakteristische Gesichtspunkte für die Landwirtschaft ergeben. Die so genannten Pflanzenkrankheiten beispielsweise sind Ausdruck von einem Ungleichgewicht in der Erde.

2.3 Das Wesen einer „günstigen Landwirtschaft"

Motive aus dem Vortrag am 15. Juni 1924

Landwirtschaft wird immer im Zusammenhang mit der ganzen Mitwelt betrieben. Die Einsicht in die zugrundeliegenden Wechselwirkungen kann zum bewussten Verzicht auf einseitiges Steigern von Erträgen führen. Zugleich kann der Einfluss der Mitwelt auf den landwirtschaftlichen Betrieb sinnvoll genutzt werden.

Die Entwicklungen der Industrialisierung waren schon immer eng mit denen der allgemein vorherrschenden, reduktionistischen Wissenschaft verbunden. Das war zu Beginn des 20. Jahrhunderts bereits weitreichend der Fall und hatte Folgen für die (konventionelle) Landwirtschaft, insofern auch in ihr die Natur meist nur noch als Ressource, als „Externalität" verstanden wurde. Demzufolge hat Natur an sich keinen Wert, solange sie nicht durch den Menschen in den Produktionsprozess eingebunden wurde. Hinzu kommt, dass der „Wert" dabei nur überwiegend monetär definiert wird.

Rudolf Steiner entwickelte im *Landwirtschaftlichen Kurs* demgegenüber eine ganz andere, konsequent ökologisch ausgerichtete Vorstellung. Es ist ein ganzheitliches, systemisches Verständnis, das allem zugrunde gelegt wird: „Die in der Natur vorkommenden Wesenheiten, Mineralien, Pflanzen, Tiere – wir wollen jetzt vom Menschen absehen –, die in der Natur vorkommenden Wesen, sie werden ja sehr, sehr häufig bloß so betrachtet, als ob sie allein dastünden. [...] In der Natur, im Weltenwesen überhaupt steht alles in Wechselwirkung miteinander. Es wirkt immer das eine auf das andere." (7,3) Inwiefern verschiedene Lebewesen in einem System miteinander verbunden sind, und welche Wirkungen – Rudolf Steiner spricht von den „naturintimeren

Wechselwirkungen" (7,4) – darauf zurückzuführen sind, wird in den Fokus der Aufmerksamkeit gerückt. In Betracht kommen dafür nicht allein die Nutzpflanzen und -tiere, sondern die ganze Vielfalt der Natur, zu der beispielsweise auch die Vögel und Insekten gehören. So wird allemal wieder deutlich, dass der landwirtschaftliche Betrieb nicht nur als Produktionsstätte gesehen wird, sondern in erster Linie als Lebensort für die unterschiedlichsten Wesen. Die daraus entwickelten Methoden charakterisieren den prinzipiell ökologischen Ansatz der erneuerten Landwirtschaft.

Bäume

Für ein konzentriertes Verständnis ökologischer Zusammenhänge ist der Baum die vielleicht älteste Metapher. In vielen Überlieferungen, Mythen und Märchen findet er sich und symbolisiert so deutlich wie kein anderes Lebewesen die alles tragenden Wechselwirkungen in der Natur. Im metaphorischen Sinne spricht man auch von „Stammbäumen" oder dem „Baum des Wissens", der schon in der alten griechischen Kultur als wissenschaftliches Ordnungssystem der botanischen Semantik entlehnt wurde.

Rudolf Steiner spricht vom Baum mit seinen im Kambium verwurzelten Zweigen als einer hügelig gewordenen Erde. Daraus wachsen die Blätter und Blüten als die eigentlichen Pflanzen heraus und es entsteht eine in gewisser Weise ganz eigene Welt. „Es ist eine andere Pflanzenwelt, es ist eine Pflanzenwelt, die viel innigere Beziehungen hat zu der umliegenden Astralität, die in Luft und Wärme ausgeschieden ist, damit Luft und Wärme mineralisch sein können, wie es der Mensch und das Tier dann brauchen. Und so ist das der Fall, dass, wenn wir die auf dem Boden wachsende Pflanze anschauen, sie von Astralischem, wie ich gesagt habe, umschwebt und umwölkt ist. Hier aber, an dem Baum, ist diese Astralität viel dichter. Da ist sie dichter, so dass unsere Bäume Ansammlungen sind von astralischer Substanz.

Unsere Bäume sind deutlich Ansammler von astralischer Substanz.“ (7,14) Was Rudolf Steiner beschreibt, mag zunächst nicht einfach zu verstehen sein. Besonders wenn er noch hinzufügt, dass man diese dichtere astralische Substanz als besonderes Aroma riechen, und den Geruchssinn bis zur Fähigkeit des „Hellriechens“ entwickeln könne. (7,15)

Mittlerweile wurden aber – gänzlich unabhängig von der Anthroposophie – Forschungen angestellt, die sich mit der so genannten chiralen Signatur des Duftes von Pflanzen beschäftigen und zu den Aussagen im *Landwirtschaftlichen Kurs* passen. Demnach kommen (auch) bei Biomolekülen spiegelbildliche Paare vor, die Enantiomere genannt werden. Dadurch ergibt sich eine unverwechselbare chirale (in zueinander spiegelbildlichen Formen vorkommend; von griechisch χείρ (cheir) „Hand“) Signatur der von Pflanzen ausgesendeten Düfte. Wissenschaftler:innen der Johannes-Gutenberg-Universität und dem Max-Planck-Institut für Chemie in Mainz haben nun Verfahren entwickelt, mit denen diese speziellen Duftkomponenten analysiert werden können. So hat man entdeckt, dass der Duft einer Pflanze dessen Befinden wiedergibt.[42] Rudolf Steiner war also mit seinen Ausführungen seiner Zeit offensichtlich voraus, indem er auf einen Sachverhalt hingewiesen hat, der erst einhundert Jahre später naturwissenschaftlich entdeckt und zum Gegenstand der Forschung gemacht wurde.

Insekten und Vögel

Im Sinne einer spirituell konnotierten Ökologie ist es zu verstehen, dass wieder darauf hingewiesen wird, dass Geistiges immer über das Ganze wirkt. (7,19) „Astralische“ (aus lat. *astralis* die Gestirne betreffend, von den Sternen stammend, zu ihnen gehörig, überirdisch, zu lat. *astrum* Stern(bild), Gestirn) Kräfte umgeben die auf dem Boden wachsenden Pflanzen, während die Bäume als „Ansammler von astralischer Substanz" verstanden werden. In diesem Zusammenspiel kosmischer Kräfte mit irdischen Stoffen leben die Insekten und Vögel, und eben dieses Zusammenwirken bedingt ein ausgewogenes ökologisches Gleichgewicht. „Und so ist eine richtige Arbeitsteilung in der Natur zwischen dem Vogelwesen und dem Schmetterlingswesen eingetreten, und beides zusammen wirkt in einer ganz wunderbaren Weise wiederum so, dass dieses Fluggetier in der richtigen Weise die Astralität überall verbreitet, wo sie auf der Oberfläche der Erde, in der Luft gebraucht wird. Nimmt man dieses Fluggetier weg, so versagt die Astralität eigentlich ihren ordentlichen Dienst, und man wird das in einer gewissen Art von Verkümmerung der Vegetation erblicken." (7,23)

Es ist bemerkenswert, dass die vorhin bereits erwähnten Forschungen zur chiralen Signatur der Düfte einiges dazu ergeben haben, wie und mit welchem Effekt Pflanzen über Duftstoffe miteinander kommunizieren. So beobachtete man Veränderungen im Duft, die der Höhe des Schädlingsdrucks folgen. Damit, so die Wissenschaftler:innen heutzutage, würden die Pflanzen auch entfernt verwandte Nachbarn warnen – möglicherweise um im Kampf gegen Schädlinge mit möglichst vielen Mitstreitern dem erhöhten Befallsdruck besser widerstehen zu können.[43] Und so arbeiten die Forschungsteams daran, diese Entdeckung für die Landwirtschaft nutzbar zu machen, weil ein Schädlingsbefall auf diese Weise sogar vorhergesagt werden könnte.

Das ökologische System ist sensibel und, wie sich aus den Duftforschungen ergibt, noch weitaus feiner differenziert als bisher meistens angenommen. Die Ausführungen im *Landwirtschaftlichen Kurs* können in diesem Kontext bedacht werden, denn sie beziehen sich auf Zusammenhänge, auf denen heutzutage jedes ökologische Engagement wie selbstverständlich beruht. Auch Gesichtspunkte für die Landschaftspflege ergeben sich daraus. Rudolf Steiner weist diesbezüglich auf die Bedeutung des Waldes hin: „Wir können sagen: Durch die fliegende Insektenwelt ist die richtige Astralisierung der Luft bewirkt. Sie steht, diese Astralisierung der Luft, im Wechselverhältnis zum Wald, der die Astralität in der richtigen Weise so leitet, wie in unserem Körper das Blut in der richtigen Weise durch gewisse Kräfte geleitet wird. Dasjenige, was der Wald tut in seiner weiten Nachbarschaft – die Dinge wirken auf sehr weite Flächen hin – nach dieser Richtung hin, das muss durch ganz andere Dinge getan werden da, wo waldleere Gegenden sind. Und man sollte verstehen, dass eigentlich das Bodenwachstum in Gegenden, wo Wald und Feldflächen und Wiesen abwechseln, ganz anderen Gesetzen unterliegt, als in weithin waldlosen Ländern." (7,24)

Erhalt und Pflege von Waldgebieten geschehen demnach nicht etwa nur aus ästhetischen Gründen. Der ökologische Sinn ist auch nicht allein darauf gerichtet, Kohlenstoffdioxid zu binden. Vielmehr geht es um den Erhalt der Wechselbeziehungen zwischen der Insekten- und Vogelwelt mit der „krautartigen und halmartigen Vegetation". Auf eine Verkümmerung der Vegetation kann durch Vermehrung der Waldflächen reagiert werden. Ebenso können Wucherungen von Pflanzen oder der Verlust der Samenkraft dazu veranlassen, Waldflächen zu reduzieren. „Die Regulierung des Waldes in Gegenden, die schon einmal für Bewaldung bestimmt sind, gehört einfach mit zur Landwirtschaft und muss im Grunde genommen von der geistigen Seite her nach ihrer ganzen Tragweite betrachtet werden." (7,25)

Wechselwirkungen

In einer „günstigen Landwirtschaft" werden Bäume, Sträucher und Auen in einem sinnvollen Umfang vertreten sein. Das kann sogar dazu führen, dass die Fläche der Äcker und Weiden verringert wird. Diese Sichtweise stellt sich dem Paradigma der unentwegten Steigerung des wirtschaftlichen Wachstums entgegen. Ökologische Landwirtschaft kann zugunsten der Qualität zu quantitativen Ertragseinbußen führen. Das zu erkennen und nicht etwa als Nachteil der ökologischen Landwirtschaft, sondern als deren bewusst gewollte Systemeigenschaft zu verstehen, ist sehr wichtig. Landwirtschaft im gemeinten Sinne respektiert die Belastungsgrenzen der Natur und überfordert sie nicht.

„Jedenfalls übt man keine ökonomische Wirtschaft aus, wenn man die Fläche des Erdbodens so weit ausnutzt, dass alles das hinschwindet, wovon ich gesprochen habe, und man darauf spekuliert, dass man dadurch mehr anbauen kann. Das, was man da mehr anbauen kann, wird eben in einem höheren Grade schlechter, als dasjenige beträgt, was man durch die Vergrößerung der Flächen auf Kosten der anderen Dinge erreichen kann. Man kann eigentlich in einem Betriebe, der so stark ein Naturbetrieb ist wie der landwirtschaftliche, gar nicht darinnen stehen, ohne in dieser Weise Einsichten zu haben in den Zusammenhang des Naturbetriebs, die Wechselwirkung des Naturbetriebs." (7,30)

Für die Wechselwirkungen sind, ebenso wie die Pflanzen, auch die Tiere auf ihre eigene Art von Bedeutung. Sie haben eine besondere Beziehung zu Luft und Wärme, durch die für die Bildung des Muskel- und Knochensystems Mond- und Sonnenwirkungen vermittelt werden. (7,34) Pflanzen hingegen haben einen unmittelbaren Bezug zu Erde und Wasser: „Die Pflanze ist in Bezug auf das Organische in jeder Beziehung ein Umgekehrtes von dem Tier, ein richtig Umgekehrtes. Was beim Tier die Nahrungsaufnahme ist in ihrer Wichtigkeit, das ist bei der Pflanze die Ausscheidung von Luft und Wärme, und die Pflanze lebt in dem Sinne, wie das Tier aus der Nahrungsaufnahme lebt, so lebt die Pflanze in dem Sinne aus der Ausscheidung von Luft und Wärme. Das ist das, man möchte sagen, Jungfräuliche an der Pflanze, dass sie nicht gierig etwas aufnehmen will durch ihre eigene Wesenheit, sondern eigentlich das gibt, was das Tier nimmt aus der Welt, und dadurch lebt. So gibt die Pflanze und lebt vom Geben." (7,39)

Vom Geben der Pflanzen und Nehmen der Tiere hat man früher noch instinktiv gewusst. (7,40) Zum Verständnis der ökologischen Zusammenhänge sollte man es nach wie vor bedenken. Dann erschließt sich das Verständnis für manches, was in Koberwitz zur anthroposophisch inspirierten Landwirtschaft gesagt wurde. Die Vielfalt im Hoforganismus wird plausibel, aber, und das wird in diesem Vortrag besonders herausgestellt, auch das breite Feld der Wechselwirkungen zwischen dem landwirtschaftlichen Betrieb und seiner ganzen Mitwelt.

„Nun, Sie sehen, dass in einer gewissen Weise die Wälder und Obstgärten, das Strauchwerk über der Erde, Regulatoren sind, um das Pflanzenwachstum in der richtigen Weise zu gestalten. Und wiederum unter der Erde ist ein ähnlicher Regulator dasjenige, was im Verein mit dem Kalk die niederen Larven, wurmartigen und so weiter Tiere sind. So sollte man anschauen das Verhältnis von Feldwirtschaft, Obstwirtschaft, Viehzucht und sollte daraus dann in die Praxis eintreten." (7,41)

Das Kapitel kurz und knapp:

- Die konventionelle Landwirtschaft versteht Natur meist nur als Ressource, während in der biologisch-dynamischen Landwirtschaft ein ganzheitliches, systemisches Verständnis zugrunde gelegt wird. Die Natur wird als Lebensraum respektiert.
- Bäume sind mit ihren Ästen und Zweigen hügelig gewordene Erde, aus der die Blätter und Blüten als die eigentlichen Pflanzen herauswachsen. Die chirale Signatur des Duftes von Pflanzen erlaubt Rückschlüsse auf deren Befinden.
- Insekten und Vögel bewirken durch ihr Zusammenspiel mit den Pflanzen und Bäumen ein ausgewogenes ökologisches Gleichgewicht. Erhalt und Pflege von Waldgebieten dienen dem Erhalt der Wechselbeziehungen zwischen der Insekten- und Vogelwelt.
- Maßnahmen einer „günstigen Landwirtschaft" können dazu führen, dass die Fläche der Äcker und Weiden aus ökologischen Gründen bewusst verringert wird. Vom Geben der Pflanzen und Nehmen der Tiere hat man früher noch instinktiv gewusst. Zum Verständnis der ökologischen Zusammenhänge sollte man es nach wie vor bedenken.

2.4 Das Allgemeine und das Individuelle

Motive aus dem Vortrag am 16. Juni 1924

Allgemein gültige Gesichtspunkte werden für jeden landwirtschaftlichen Betrieb angepasst. Das systemische Betrachten hilft dabei und führt zu diversen praktischen Erkenntnissen. So werden die Bedingungen für einen individualisierten Hoforganismus entwickelt.

Systemisches Betrachten

Mit dem Vortrag am 16. Juni 1924 wird der *Landwirtschaftliche Kurs* abgerundet, indem zunächst darauf hingewiesen wird, wie „geisteswissenschaftliche Einsichten“ zu Individualisierungen der allgemein vorgeschlagenen Maßnahmen führen können. (8,1) Erneut klingt also das Motiv des geschlossenen, individualisierten Hoforganismus an, wodurch implizit auch wieder auf die Bedeutung des in der Landwirtschaft tätigen Menschen hingewiesen wird. Er selbst ist es ja, der in seinem Bewusstsein Wahrnehmungen und Erfahrungen zu relevanten Erkenntnissen werden lässt.

Dabei geht es immer um ein systemisches Betrachten und Erkennen, das sich nicht nur auf begrenzte Wirkradien einzelner Phänomene beschränkt, sondern stets den Zusammenhang im Großen und Ganzen der Natur im Blick behält. So erscheinen auch physikalische Phänomene in anderem Licht. Als Beispiel spricht Rudolf Steiner von jenem Prozess, bei dem im Organismus irgendein Stoff mit Sauerstoff verbunden wird. Das wird gewöhnlich als Verbrennungsvorgang bezeichnet, obwohl ein Verbrennungsvorgang eigentlich nur in der mineralisch unbelebten Natur stattfindet. Stattdessen ist der gemeinte, im Organismus ablaufende Prozess „etwas Lebendiges, er ist sogar etwas Empfindendes.“ (8,4) Versteht man das nicht, und geht man von der herkömmlichen Deutung aus, gelangt man immer wieder zu falschen Schlüssen.

Das systemische Naturerleben hingegen eröffnet besondere Perspektiven, durch die beispielsweise die Eignung von Pflanzen für die Fütterung beurteilt werden kann. „Sieht man in den Vorgang hinein, dann wird man es einfach irgendeiner Pflanze oder irgendetwas anderem ansehen, ob es irgendetwas im tierischen Organismus unterstützen soll oder nicht. Aber ich meine, auch den entgegengesetzten Pol müsste man ansehen. Da liegt nämlich etwas vor, was außerordentlich wichtig ist. Ich habe es schon berührt, aber hier, wo Grundlagen geschaffen werden sollen für die Fütterungsvorgänge, muss es noch einmal besonders herausgestellt werden.“ (8,6)

Es ist auffallend, dass Rudolf Steiner auch in diesem Vortrag die Mitwelt als Organismus beschreibt – Analogien zum Menschen dienen der Verdeutlichung –, der mit den leiblichen Prozessen der Lebewesen verbunden ist. (8,7; 8,8; 8,11; 8,13 und 14; 8,15) Besonders eindrücklich sind Ausführungen zum Zusammenhang von Gehirn und Darm. „Irdische Substanz“ sei es, die vom Darm aus in die Stofflichkeit des Gehirns gewandelt wird. Beim Menschen reicht dieser Prozess weiter als beim Tier: „Wozu dient dieses Gehirn? Es dient als Unterlage für das Ich. Das Tier hat noch nicht das Ich. Halten wir das ganz richtig fest: Das Gehirn dient als Unterlage für das Ich, das Tier hat noch nicht das Ich, sein Gehirn ist erst auf dem Wege zur Ich-Bildung. Beim Menschen geht das immer weiter zu der Ich-Bildung hin.“ (8,13) Insofern verfügt der tierische Mist über noch unverbrauchte Kräfte, die für die Düngung verwendet werden können, um dadurch „das Ich“ an die Wurzeln der Pflanzen heranzubringen. (8,15)

Auch für diese Angabe gilt, dass zur Verbindung zwischen dem Darm-Mikrobiom und dem zentralen Nervensystem inzwischen manches erforscht wurde, was zu den Aussagen Rudolf Steiners passt. So ist es einem Team von Wissenschaftler:innen der TU München gelungen, die Wanderung von T-Zellen (Gruppe von weißen Blutzellen, die der Immunabwehr dienen) vom Darm zum Hirn sichtbar zu machen. [44] Auch ist man sich mittlerweile darüber klar geworden, dass das Gehirn evolutionsbiologisch aus dem Darm hervorgegangen ist, der wegen seiner Bedeutung für das instinktive Verhältnis zur Mitwelt sogar als zweites Gehirn bezeichnet werden kann. Das Zusammenwirken von Darm und Hirn ist so gesehen überlebenswichtig, weil das sprichwörtliche „Bauchgefühl" Entscheidungen tatsächlich beeinflusst. Für den Menschen ist der Darm eine emotionale Erinnerungsdatei, auf die alltäglich immer wieder zurückgegriffen wird. [45]

Nimmt man noch hinzu, dass die kognitiven Leistungen zwar bis zu einem gewissen Grad, aber eben nicht vollständig von der Größe des Gehirns abhängen, begegnet man wieder dem Rätsel von Persönlichkeit und Individualität. Wieland Huttner, Direktor des Max-Planck-Instituts für Molekulare Zellbiologie und Genetik in Dresden, sagt: „Die kognitiven Fähigkeiten, die uns auszeichnen, wurden auch durch die Vergrößerung des Gehirns ermöglicht. Wir wissen das auch deshalb, weil es Mutationen in bestimmten Genen gibt, die dazu führen, dass – unglücklicherweise – Menschen mit der Hirngröße eines Schimpansen zur Welt kommen. Diese Personen sind mental stark retardiert. Aber sie sind immer noch viel klüger als Schimpansen. Das bedeutet erstens: Hirngröße ist eine Basis für unsere kognitiven Fähigkeiten. Zweitens: Es muss noch etwas Anderes geben, was uns intellektuell zum Menschen macht. Was das ist, ist unbekannt." [46]

Geschlossener Kreislauf und Individualität

Den ganzen Kreislauf im landwirtschaftlichen Organismus bezeichnet Rudolf Steiner als eine „wunderbare Wechselwirkung". (8,16) Und dadurch, dass das so ist, „ist eine Landwirtschaft eine Art Individualität". (8,17) Wir begegnen hier dem wieder, was besonders im zweiten

Vortrag Gegenstand der Betrachtungen war. Es hieß dort, dass eine Landwirtschaft ihr Wesen im besten Sinne des Wortes erfüllt, wenn sie aufgefasst werden kann als eine „Art Individualität, eine wirklich in sich geschlossene Individualität". (2,2) In dieser Formulierung ist erkennbar, dass es auf bestimmte Bedingungen ankommt, die gegeben sein müssen, damit eine Landwirtschaft als Individualität „aufgefasst werden kann". In Analogie zum Menschen lässt sich verstehen, worum es geht: Der Kopf ist für die Individualität unter dem Erdboden, das Leben der Tiere und Menschen ereignet sich in ihrem Bauch, in den die Pflanzen heraufwachsen. (2,6) Das ganze „landwirtschaftliche Gebiet" ist mit dem zusammen, was unter dem Erdboden liegt, eine auch in der Zeit fortlebende Individualität. (2,17)

Legt man dieses Erleben der Natur zugrunde, ergibt sich für die Landwirtschaft ein charakteristischer Ansatz. Wir können zum Verständnis hinzunehmen, was Rudolf Steiner bereits in einem Vortrag aus dem Jahr 1912 gesagt hatte: „Die Erde ist gleichsam auch ein Leib, ein weit ausgedehnter Leib. Wenn wir sie nur betrachten in Bezug auf ihr Physisches, so ist das so, wie wenn wir den Menschen nur in Bezug auf das Physische betrachten würden. Vollständig betrachten wir die Erde, wenn wir sie betrachten als den Leib von geistigen Wesenheiten, in derselben Weise, wie wir auch beim Menschen den Geist als zu dem Leibe gehörig betrachten."[47] Im Sinne des anthroposophischen Menschenbildes entsprechen sich die Persönlichkeit und ein landwirtschaftlicher Betrieb. In beiden erscheint eine „in der Zeit fortlebende Individualität" – im landwirtschaftlichen Betrieb, wenn die Bedingungen entsprechende sind (s.o.) –, die als geistige Entität verstanden werden kann.

Es geht also um typische Wechselwirkungen zwischen allen Bereichen des landwirtschaftlichen Betriebes, die jeweils einzigartig und darum nicht zu ersetzen sind, um jene Bedingungen zu schaffen, die es ermöglichen, dass von einer in sich geschlossenen Individualität gesprochen werden kann. Die Tiere gehören konstitutiv dazu: „Und man wird schon daraus die Einsicht bekommen, dass die Tiere mehr oder weniger in dieser Wechselwirkung drinnen erhalten sein sollen, und auch die Pflanzen mehr oder weniger in dieser Wechselwirkung erhalten werden sollen. Daher ist es in einem gewissen Sinne schon eine Beeinträchtigung der Natur, wenn man den Dünger nicht bezieht von den Tieren, die zur Landwirtschaft gehören, sondern diese Tiere abschafft und von Chile den Dunginhalt bezieht. Denn da geht man über das hinweg, dass das ein in sich selbst geschlossener Kreislauf ist, etwas ist, was in sich selbst sich erhalten soll. Natürlich muss man dann die Sache so einrichten, dass es in sich selbst sich erhalten kann. Man muss einfach so viele Tiere und solche Tiere in der Landwirtschaft haben, dass man in der Landwirtschaft genügend und richtigen Mist erhält. Und man muss wiederum darauf sehen, dass man solches anpflanzt, was die Tiere, die man haben will, durch ihren Instinkt fressen wollen, was sie sich suchen.“ (8,18)

Obwohl der Rahmen eindeutig beschrieben ist, geht es dennoch auch immer um einen sinnvollen Kompromiss, der für jeden Betrieb gefunden werden kann. „[...] aber alle diese Gebrauchsregeln sollten aus der Richtschnur hervorgehen, dass man die Landwirtschaft möglichst so in sich abschließt, dass sie sich selber tragen kann. Allerdings nicht ganz. Warum? Durch eine sachliche Betrachtung in geisteswissenschaftlichem Sinne wird man niemals Fanatiker. Ganz lässt sich das innerhalb unserer heutigen Wirtschaftsordnung außen nicht erreichen. Aber soviel es möglich ist, sollte man es zu erreichen suchen.“ (8,19)

Im zweiten Teil des Vortrags wird anhand von Betrachtungen verschiedener Pflanzen und physiologischer Prozesse einiges zum Vorgang der Ernährung beschrieben. Daraus ergeben sich Gesichtspunkte für die Fütterung der Tiere.

Landwirtschaft und soziales Leben

Zu guter Letzt wirkt die Nahrung auch beim Menschen bis ins Seelisch-Geistige hinein. Rudolf Steiner verbindet das mit einem abschließenden Hinweis auf die Bedeutung der Landwirtschaft für das soziale Leben: „Das sind alles Dinge, durch deren Erkenntnis die Landwirtschaft im Innersten zusammenhängt dann mit dem sozialen Leben eben in sachlicher Weise. Und das ist so unendlich wichtig, dass die Landwirtschaft mit dem ganzen sozialen Leben zusammenhängt." (8,44) In den Vorträgen des Kurses in Koberwitz ist er darauf nicht ausführlich eingegangen. Aber bereits im einleitenden Vortrag fand sich ein ähnlich zurückhaltend gegebener Hinweis, der zur abschließenden Bemerkung passt: „Ein solcher Kursus erfordert gar mancherlei, denn er wird uns selber zeigen, wie die Interessen der Landwirtschaft nach allen Seiten hin mit dem größten Umkreise des menschlichen Lebens verwachsen sind und wie eigentlich es kaum ein Gebiet des Lebens gibt, das nicht zu der Landwirtschaft gehört. Von irgendeiner Seite, aus irgendeiner Ecke gehören alle Interessen des menschlichen Lebens in die Landwirtschaft hinein. Wir können selbstverständlich hier nur das zentrale Gebiet des Landwirtschaftlichen berühren." (1,6) Man könnte sich denken, dass diesem Aspekt ein ausführliches Kursprogramm hätte gewidmet werden können, und vielleicht wäre es in einem zweiten Landwirtschaftlichen Kurs (der angedacht war, aber infolge der schweren, zum Tode führenden Erkrankung Rudolf Steiners nicht mehr zustande kam) deutlich zur Sprache gekommen.

Die Idee eines geschlossenen Kreislaufs als Grundlage für einen wirtschaftlichen Betrieb ist auf viele Lebensbereiche übertragbar. In der Landwirtschaft erscheint er in seiner Urbildlichkeit. Ebenso der Lebenszusammenhang verschiedener Subjekte in einem in sich abgeschlossenen Organismus, der sich anderen Organismen gegenüber als Souverän, als Individualität verhält, ist ein vielfach übertragbares Modell. Und schließlich sind es originäre Impulse, die von jedem Einzelnen ins Ganze wirken. Versteht man es so, liefert die biologisch-dynamische Landwirtschaft ein Modell für die Dreigliederung des Sozialen Organismus. (→ Band 1: 2.3 und 3.1)

Die kulturelle Bedeutung einer Erneuerung der Landwirtschaft bezieht sich also nicht nur auf die Pflege der Natur, sondern auch auf das Zusammenleben der Menschen. Insofern verändern biologisch-dynamisch verstandene Ökonomie, Ökologie und Ökosophie potenziell tatsächlich die ganze Welt.

Das Kapitel kurz und knapp:

- Geisteswissenschaftliche Einsichten führen zu Individualisierungen der allgemein vorgeschlagenen Maßnahmen. So ergibt sich der geschlossene Hofkreislauf als Bedingung für die Landwirtschaftliche Individualität.
- Das systemische Naturerleben eröffnet besondere Perspektiven, von denen aus beispielsweise die Eignung von Pflanzen für die Fütterung beurteilt werden kann. Die Mitwelt als Organismus ist mit den leiblichen Prozessen der Lebewesen verbunden.
- Der ganze Kreislauf im landwirtschaftlichen Organismus ist eine „wunderbare Wechselwirkung“, weshalb eine Landwirtschaft eine Art Individualität sein kann. Im Sinne des anthroposophischen Menschenbildes entsprechen sich die Persönlichkeit und ein landwirtschaftlicher Betrieb. In beiden erscheint eine „in der Zeit fortlebende Individualität“, die als geistige Entität verstanden werden kann.
- Landwirtschaft hängt im Innersten mit dem sozialen Leben in sachlicher Weise zusammen. Sie liefert ein Modell für die Dreigliederung des Sozialen Organismus.

2.5 Übungsaufgaben zu Teil 2

Übungsaufgaben zu den Kapitel 2.1 bis 2.4:

Bitte beantworten Sie die folgenden fünf Fragen zu den Inhalten der vorangegangenen Kapitel (die Lösungen finden Sie im Anhang dieses Buches):

1. In der biologisch-dynamischen Landwirtschaft geht es um Komplemente, also um Ergänzungen der landwirtschaftlichen Praxis. Wie lässt sich das bezüglich der Düngung erläutern?
2. Was versteht Rudolf Steiner als „instinktive Agrikulturweisheit"?
3. Wie erklärt Rudolf Steiner den Unterschied zwischen „lebendigen" und „substantiellen" Kräften?
4. Was wird im Landwirtschaftlichen Kurs zum Verhältnis der „Agrikulturweisheit" zur Wissenschaft gesagt?
5. Im Gegensatz zum konventionellen Verständnis geht es in der biologisch-dynamischen Landwirtschaft um so genannte „naturintime Wechselwirkungen". Was ist damit gemeint?

Übungsaufgaben zu Kapitel 2.2:

Welche der nachfolgend aufgeführten Aussagen sind wahr und welche sind falsch? Zu jeder Aussage gibt es zwei Antworten, die Ihre Feststellung unterstützen. Bitte beachten Sie: Sie beginnen Ihre Antwort mit der

Feststellung WAHR oder FALSCH. Dann suchen Sie im vorangegangenen Kapitel nach den Formulierungen oder Zahlen, die Ihre Antwort belegen.

Beispiel: Um Beikräuter zu bekämpfen werden die Mondwirkungen verstärkt. In der Asche verbrannter Samen ist jene Kraft konzentriert, die von der Pflanze bei Anziehung der Mondenkräfte entwickelt wird.

FALSCH: Mondenwirkungen gilt es zu unterbinden | die entgegengesetzte Kraft

1. Die so genannte „instinktive Agrikulturweisheit" beruht auf dem Vertrauen in die eigenen inneren Erlebnisse. Das daraus hervorgehende Wissen wird also nicht nur auf physisch-sinnliche Art erworben.
2. Die Erde wird durch Mond- und Wasserwirkungen daran gehindert, Pflanzliches aus sich hervorzubringen. Krankheiten entstehen, wenn sich der astralische Leib vom physischen Leib löst.

TEIL 3

Landwirtschaftliche Anthroposophie

3.1 Entstehung von Versuchsring und Arbeitsgruppe

Motive zum Werden der biologisch-dynamischen Bewegung

Der Landwirtschaftliche Kurs *wurde von Ereignissen begleitet, die zur Gründung einer eigenen anthroposophischen Tochterbewegung führten. Damit war ein wichtiger Schritt getan, der allerdings nicht leicht zu vollziehen war. Die zugrundeliegende Willensbildung führte durch einen kritischen Moment der Entscheidung.*

Das Zusammentreffen

Als am Morgen des 7. Juni 1924 die Teilnehmer:innen des Kurses in Koberwitz eintrafen, war bereits bestens für alles gesorgt. Eine freudige, erwartungsvolle Stimmung erfüllte die große Halle und das Treppenhaus. Rudolf Steiner und Carl Graf von Keyserlingk standen vor dem Eingangsportal, um die Gäste zu begrüßen.[48] Einige Teilnehmer:innen hatten in den Jahren vorher bereits unter anthroposophischen Vorzeichen an landwirtschaftlichen Themen gearbeitet, wofür Rudolf Steiner die entsprechenden Hinweise gegeben hatte. Die Zusammenkunft in Koberwitz war so gesehen auch inhaltlich gut vorbereitet. Aber es waren verschiedene Interessensgebiete, an denen gearbeitet wurde – wir bezeichneten sie als die drei „Quellgründe“ der biologisch-dynamischen Landwirtschaft. (→ Band 2: 2.1, 2.2 und 3.4) Diese Vielfalt sollte nun zu einem Großen und Ganzen werden.

Damals und heute gilt: Die beabsichtigte Erneuerung der Landwirtschaft erfordert es, von einer gemeinsamen Basis auszugehen. Die Grundlagen der Anthroposophie waren den Teilnehmer:innen in Koberwitz vertraut. Insofern konnte man einen interessanten fachlichen Austausch erwarten, der durch die anberaumten Vorträge gewiss an Tiefe und Bedeutung gewinnen würde. Aber es ist noch etwas ganz anderes, wenn es nicht bei einem solchen, zweifellos inspirierenden Austausch bliebe, sondern wenn aufgrund einer gemeinsamen Willensbildung eine Bewegung zustande käme, in der alle partikularen Interessen und Aktivitäten zusammenfinden.

Man darf wohl davon ausgehen, dass Carl Graf von Keyserlingk gerade das für möglich und wünschenswert hielt. Seine unternehmerische Natur und die ihm zur Verfügung stehenden Erfahrungen legten es nahe. Er war es auch, der maßgeblich darauf hingewirkt hatte, dass der *Landwirtschaftliche Kurs* überhaupt zustande kam. Rudolf Steiner goutierte das mehrmals während der Tage in Koberwitz – und auch danach immer wieder – ausdrücklich: „War es doch der Graf Keyserlingk, der von Anfang an den Bestrebungen, die wir, ausgehend vom 'Kommenden Tag', für die Landwirtschaft in Stuttgart entwickelten, mit Rat und Tat und aufopferungsvoller Arbeit zur Seite stand, der ja seinen aus einem so gründlichen Zusammengewachsensein mit der Landwirtschaft herangezogenen Geist in dem walten ließ, was wir in Bezug auf die Landwirtschaft tun konnten. Es war schon, ich möchte sagen, aus dem Innersten unserer Bewegung dadurch etwas an Kräften waltend, die wie mit einer gewissen Selbstverständlichkeit uns hierher zogen nach Koberwitz in dem Augenblicke, wo uns der Graf hier haben wollte. Deshalb kann ich auch versichern, dass ich glauben kann, dass jeder eigentlich gerne hier nach Koberwitz für die Abhaltung dieses Kursus gegangen ist. Das begründet, dass wir, die wir gekommen sind, ebenso tief unseren Dank dafür auszusprechen haben, ihn sehr gerne aussprechen dafür, dass das Haus Keyserlingk sich bereit erklärt hat, uns mit diesen Bestrebungen in diesen Tagen aufzunehmen.“ (1,4)

Carl Graf von Keyserlingk hatte die landwirtschaftliche Fachkompetenz Rudolf Steiners bei verschiedenen Gelegenheiten erlebt. Darum wünschte er sich nun gezielte Hilfestellungen, vor allem für das Zustandekommen einer anthroposophisch-landwirtschaftlichen

Bewegung, ebenso wie es für andere Fachgebiete in den Jahren vorher verschiedentlich schon erfolgt war.[49] Und genau aus diesem Grund engagierte Keyserlingk sich so sehr für den Kurs. [50]

Der zweite Tag der Veranstaltung in Koberwitz war der Pfingstsonntag, und es ist mehr als symbolisch, dass man sich nun der eigentlichen, entscheidenden Frage näherte: Wird es gelingen, eine tragende Gemeinschaft entstehen zu lassen? Nach einem gemeinsamen Rundgang durch Park, Garten und Betriebsgebäude versammelte man sich am Morgen in kleinerem Kreis für eine esoterische Stunde, in der es um spirituelle Aspekte der Landwirtschaft ging. (→ Band 2: 2.4) Und beim anschließenden Mittagessen sprach Rudolf Steiner wieder von dem „eisernen Willen" der Eheleute Keyserlingk: „Und durch diesen Willen haben sie ja in unserer Sache gewirkt und die Veranstaltung hier in so schöner Weise möglich gemacht." [51]

Für die verschiedenen anthroposophischen Tochterbewegungen (→ Band 1: 4.1) war es immer so gewesen, dass eine Person besonders dadurch hervortrat, dass sie die neue Sache zur Angelegenheit des persönlichen Schicksals machte. In der Medizin war das beispielsweise Ita Wegman, für die Waldorfbewegung Emil Molt oder in der Christengemeinschaft Friedrich Rittelmeyer. Für die biologisch-dynamische Bewegung kam diese Aufgabe auf Carl Graf von Keyserlingk zu. Rudolf Steiner vertraute ihm und hatte ihn vorher bereits mit verantwortlichen Aufgaben in der *Der Kommende Tag AG* betraut.[52] „Mir scheint es", schreibt Adalbert Graf von Keyserlingk in seinen Erinnerungen, „als ob das Schicksal meines Vaters, des Grafen Carl von Keyserlingk, zu einem Bild wurde für das, was sich abspielt, wenn in Krisenzeiten geistige Impulse der Erde eingeimpft werden." [53]

Schon im Vorfeld des *Landwirtschaftlichen Kurses* war Carl Graf von Keyserlingk in großem Umfang für Werte und zahlreiche Menschen verantwortlich. Dabei entwickelte er bemerkenswerte Initiativen. So schuf er in den Zeiten der um sich greifenden Inflation kurzerhand eine eigene Komplementärwährung, die der Mitarbeiterschaft eine sonst verlorene Sicherheit bot. Carls Neffe Alexander Graf von Keyserlingk erinnerte sich daran: „In dieser Inflationszeit führte Onkel Carl auch eine ganz neue Lohnzahlung ein: das Geld verfiel ja täglich, Löhne mussten jedoch wöchentlich ausgezahlt werden. Große Firmen hatten das Recht, eigenes Geld auszugeben, das etwas wertbeständiger war, um die größten Härten zu mildern, und im Keller lagen ganze Stapel davon. Onkel Carl kam aber auf einen besseren Modus, der zwar den Büros viel Arbeit machte, den Leuten jedoch eine große Hilfe war. Von heute auf morgen musste täglich angeschrieben werden, was jeder verdient hatte – aber nicht in Mark, sondern in Pfund Roggen! Für die Firma war das kein Gewinn, doch der Arbeiter erhielt am Zahltag den Gegenwert seiner ‚Pfunde'. Wenn er das Geld dann sofort umsetzte, verlor er nichts, er konnte sogar verlustlos sparen!"[54]

Es war als würden alte Zeiten hindurchdämmern. Im alten Ägypten war es Josef, der in Diensten von Ramses II. (1279–1213 v. Chr.) als oberster Verwalter für die Erntevorräte zuständig war und in dieser Eigenschaft die Ostraka-Währung geschaffen hatte, die durch das Getreide gedeckt war. Darum blieb sie vor einem Wertverfall bewahrt. Diese komplementäre Währung entfaltete einerseits ihre Wirkung im Wirtschaftssystem, andererseits war sie Ausdruck für einen grundsätzlichen Wandel, der über die äußeren Verhältnisse hinaus reichte und ganz allgemein die geistige Verfassung in diesem Kulturzeitraum betraf. In diesem Kontext kann die Maßnahme verstanden werden, mit der Keyserlingk den Wert der Löhne durch die Getreidedeckung absicherte. Sie war mehr als eine soziale Sicherungsmaßnahme, denn sie verkörperte modellhaft einen geistigen Wandel und ein daraus hervorgehendes, gänzlich anderes ökonomisches System.

Kritischer Moment und Entscheidung

Am besagten Pfingstsonntag versammelte man sich um 17 Uhr in Breslau zu einer Besprechung, in der Ernst Stegemann von seinen wissenschaftlichen Versuchen und Erfahrungen berichtete. Man kann sich vorstellen, dass die Anwesenden dem aufmerksam und interessiert folgten, als Carl Graf von Keyserlingk mit einer gewissen Vehemenz die wohlige Stimmung durchbrach, indem er den Zusammenschluss zu einem „Versuchsring" forderte, der es ermöglicht, in *„landwirtschaftlich brauchbarem Sinn"* die Angaben Rudolf Steiners umzusetzen. „Wir stehen in dem landwirtschaftlichen Beruf. Wir wollen die Landwirtschaft befruchten, für das Landwirtschaftliche: die Landwirte zusammenschließen zu einem Versuchsring, nicht bloß zum Zuhören." [55] Ernst Stegemann solle doch bitte in nachvollziehbaren Zahlen und wissenschaftlichen Tabellen belegen, was er erarbeitet hat. „Wir sind doch Vertreter der Landwirte hier und nicht Anthroposophen." [56]

Der Disput entwickelte sich zum Streit, aber man beschloss dennoch, den „Ring" zu bilden, an dem Rudolf Steiner allerdings nicht teilnehmen wollte. Lediglich die Ergebnisse sollte man ihm mitteilen. Keyserlingk muss dennoch unzufrieden geblieben sein, denn im Anschluss an die Zusammenkunft stellte er den Antrag, die gesamte Tagung zu beenden. Damit war ein äußerst kritischer Punkt erreicht, an dem alles auf dem Spiel stand. Umso erstaunlicher, dass Rudolf Steiner nicht eingriff, der durch seine Zurückhaltung die freie, und darum im eigentlichen Sinne wirksame Willensbildung ermöglichte.

Bei einer erneuten Zusammenkunft am 9. Juni wurde dann eine Resolution beschlossen, der zufolge der Landwirtschaftliche Versuchsring sowie eine Arbeitsgruppe eingerichtet werden sollten. Zugleich verabredete man, dass die Sektion für Naturwissenschaften der Freien Hochschule für Geisteswissenschaft in Dornach die Oberleitung des Versuchsrings übernehmen sollte. Damit wurde dieser an die Weihnachten 1923 neu gegründete Anthroposophische Gesellschaft angegliedert. (→ Band 1, 4.1)

Drei Tage gingen ins Land, bis es am Morgen des 11. Juni dann soweit war: Durch Carl Graf von Keyserlingk wurde die Resolution in Koberwitz verlesen, wodurch die „Grundlage für die kommende Tathandlung" geschaffen worden war. [57] „Am 11. Juni 1924 wurde der sogenannte ‚Landwirtschaftliche Versuchsring der Anthroposophischen Gesellschaft‘ (auch ‚Versuchsring anthroposophischer Landwirte‘, später auch: Allgemeiner Versuchsring anthroposophischer Landwirte und Gärtner) gegründet. Der Versuchsring koordinierte die Versuche auf den angeschlossenen Betrieben und beteiligte sich auch an der Auswertung der Ergebnisse. Seine Arbeit begann gleich nach dem Koberwitzer Kurs.“ [58]

Dornach und die Landwirtschaft

Mit der anschließenden Ansprache Rudolf Steiners begann die dritte Etappe im Werden der biologisch-dynamischen Bewegung. Die Willensbildung war absolviert und damit die notwendigen Vorzeichen für die beabsichtigte Erneuerung der Landwirtschaft geschaffen:

„Vorerst lassen Sie mich meine tiefste Befriedigung darüber ausdrücken, dass dieser Versuchsring, der von dem Grafen Keyserlingk angeregt wurde, zustande gekommen ist und sich nun auch erweitert hat um die Interessenten der Landwirtschaft, die das erste Mal bei einer solchen Versammlung anwesend waren. Es ging ja diese Begründung zeitlich hervor daraus, dass zunächst Herr Stegemann auf verschiedene Bitten hin sich bereit erklärte, einiges von dem mitzuteilen, was zwischen ihm und mir im Laufe der letzten Jahre über allerlei Richtlinien gegenüber der Landwirtschaft gesprochen worden ist, und was er durch seine so anerkennenswerten Bemühungen auf seiner Landwirtschaft nach der einen oder anderen Seite ausprobiert hat. Daraus ging dann die Diskussion hervor zwischen unserem hochverdienten Grafen Keyserlingk und Herrn Stegemann, die dazu führte, dass zunächst ein Gespräch stattgefunden hat, in dem die heute vorgelesene Resolution gefasst worden ist, und das dann dazu geführt hat, dass wir heute wiederum hier zusammengekommen sind.“ [59] „Deshalb begrüße ich es mit einer großen Freude, dass auf Anregung des Grafen Keyserlingk das hervorgegangen ist, dass nun die landwirtschaftliche

Berufsgemeinschaft sich zusammenschließen will auf demjenigen, was von Dornach aus als Naturwissenschaftliche Sektion begründet worden ist. Diese Naturwissenschaftliche Sektion ist ja, wie das andere, das jetzt vor uns hintritt, aus der Weihnachtstagung hervorgegangen."[60]

Rudolf Steiner empfand „tiefste Befriedigung" über das Geschehene und gab seiner Auffassung Ausdruck, dass das Eingeleitete von „großem Segen" sein würde.[61] Und er fügte hinzu:

„Die freundlichen lieben Worte, die der verehrte Herr Graf wiederum an uns alle gerichtet hat mit der feinsinnigen Unterscheidung zwischen Bauern und Wissenschaftlern, wodurch das hingestellt war auf der einen Seite so, dass im Ringe sich befinden alle Bauern und in Dornach die Wissenschaftler sitzen, diese Einstellung darf, kann so nicht bleiben. Wir müssen sozusagen schon zusammenwachsen, und in Dornach muss soviel Bäuerliches walten, als nur trotz der Wissenschaftlichkeit walten kann. Und das, was von Dornach als Wissenschaft ausgeht, muss so sein, dass es einleuchtet dem konservativsten Bauernkopf."[62]

Das Kapitel kurz und knapp:

- Einige Teilnehmer:innen hatten in den Jahren vorher bereits unter anthroposophischen Vorzeichen an landwirtschaftlichen Themen gearbeitet. Es waren verschiedene Interessensgebiete, an denen gearbeitet wurde, die nun zu einem Großen und Ganzen werden sollten.
- Carl Graf von Keyserlingk hatte maßgeblich darauf hingewirkt, dass der *Landwirtschaftliche Kurs* überhaupt zustande kam. Nun wünschte er sich gezielte Hilfestellungen für das Zustandekommen einer anthroposophisch-landwirtschaftlichen Bewegung.
- Für die verschiedenen anthroposophischen Tochterbewegungen war es immer so gewesen, dass eine Person besonders dadurch hervortrat, dass sie die neue Sache zur Angelegenheit des persönlichen Schicksals gemacht hat. Für die biologisch-dynamische Bewegung kam diese Aufgabe auf Carl Graf von Keyserlingk zu.
- Am 9. Juni wurde eine Resolution beschlossen, der zufolge der Landwirtschaftliche Versuchsring und die Arbeitsgruppe eingerichtet werden sollten, die am Morgen des 11. Juni durch Carl Graf von Keyserlingk in Koberwitz verlesen wurde. Damit begann die dritte Etappe im Werden der biologisch-dynamischen Bewegung.

3.2 Grundsätzliche Überlegungen und Fragen

Motive aus den Fragenbeantwortungen

Der Blick darauf, wie wir Menschen mit der Erde umgehen, macht betroffen. Offensichtlich überfordert die uns eigene Lebensart die Möglichkeiten der Erde. Was und in welchem Umfang im Umgang mit der Erde ist also berechtigt oder noch verträglich? Aufgrund welcher Einstellung kann das Verhältnis des Menschen zur Erde ein gutes und sorgendes sein?

Das Menschliche und das Maschinelle

Zu Beginn des 20. Jahrhunderts war die Mechanisierung der Landwirtschaft bereits so weit fortgeschritten, dass sich gravierende Veränderungen abzeichneten. Ab den 1920er-Jahren wurde die Entwicklung durch den vermehrten Einsatz von Traktoren beschleunigt. Grundsätzlich ging (und geht) es darum, mit immer weniger menschlicher Arbeitskraft die Produktion zu steigern. Der darin wirkende Wachstumsdruck ist systemisch und folgenreich, denn die industrielle Landwirtschaft, die zwar ausgesprochen effizient billige Nahrungsmittel erzeugen kann, verbraucht, belastet und zerstört in großem Ausmaß wertvolle Ressourcen.

Die mit der industriellen Landwirtschaft verbundene Problematik war den Teilnehmer:innen in Koberwitz wahrscheinlich sehr bewusst, denn sie suchten ja nach anderen, naturnahen Methoden. So nimmt es nicht Wunder, dass man Rudolf Steiner danach fragte, ob man in der Landwirtschaft überhaupt Maschinen einsetzen soll: „Wie ist es, wenn man in der Landwirtschaft Maschinen benutzt? Es wird doch gesagt, man solle keine Maschinen benutzen?“ Die Antwort auf diese grundsätzliche Frage war eindeutig und klar:

„Ja, natürlich, sehen Sie, das ist eine Frage, die man im Grunde genommen gar nicht einmal landwirtschaftlich beantworten kann. Es ist ja ganz zweifellos, dass man heute bei unserem gegenwärtigen sozialen Leben eine ziemlich unaktuelle Frage aufwirft, wenn man fragt, ob man Maschinen verwenden darf. Man wird ja kaum heute Landwirt sein können, ohne Maschinen zu verwenden. Es sind ja natürlich auch nicht alle Vorgänge so verwandt mit den intimsten Naturvorgängen, wie gerade dieses Rühren [Anm.: gemeint ist das Rühren der Mistpräparate] und dergleichen. Gerade so, wie man also hier nicht herankommen sollte mit dem rein Maschinellen an einen so intimen Naturvorgang, so sorgt in Bezug auf die anderen gemeinten Elemente die Natur schon selbst dafür, dass man für das, womit die Maschinen nichts zu tun haben, mit der Maschine auch nicht viel anfangen kann. Bei der Samenbildung kann die Maschine nicht viel machen, das besorgt die Natur selber. Ich glaube doch, dass die Frage nicht sonderlich stark aktuell ist. Aber es ist schon heute so: Wie soll man heute ohne Maschine fertig werden?“ (F1,23)

Bezüglich des Rührens war vorher ein interessanter Aspekt besprochen worden, der aus anthroposophischer Sicht im Zusammenhang mit dem Einsatz von Maschinen in der Landwirtschaft sehr bedeutend ist, dass nämlich der Mensch in seinem Tun den Dingen etwas mitgibt: „Es ist schon ganz zweifellos, dass das Rühren mit der Hand doch etwas anderes bedeutet als das maschinenmäßige Rühren. Das wird der Mechanist natürlich nicht zugeben. Aber bedenken Sie nur, was für ein gewaltiger Unterschied [es] ist, ob Sie mit der Hand wirklich rühren, dabei alle die feinen Bewegungen mit hineinbekommen in das Rühren, [welche] die Hand ausführt, alle die Dinge, die eventuell hineinkommen, eventuell auch die Empfindungen, ob das alles hineinkommt oder ob man einfach maschinenmäßig das umrührt. Natürlich glauben ja heute die Leute das nicht, dass dieser Unterschied in Betracht komme, aber man merkt das auch durchaus im Medizinischen. Glauben Sie, dass es durchaus nicht einerlei ist, ob man irgendein Heilmittel mehr manuell oder maschinenmäßig herstellt. Der Mensch gibt den Dingen etwas mit, wenn er sie selber bearbeitet – so etwas müssen Sie nicht belächeln. [...] Das ist, was bei solchen Dingen in Betracht kommt, ob man irgend etwas mit all dem macht, was von der menschlichen Hand ausgeht – und es geht vieles von der menschlichen Hand aus – oder ob man es mit der Maschine macht." (F1,2)

In den Vorträgen des *Landwirtschaftlichen Kurses* war von solchen Wirkungen immer wieder die Rede. So beispielsweise vom „Zusammenwirken des Seelisch-Geistigen mit demjenigen, was das um uns herum ist", weshalb es „nicht schlecht" sei, wenn jemand meditieren kann. (3,34) Aus diesem Zusammenwirken mit der umgebenden Natur gehen überdies Inspirationen hervor, die für die praktische Arbeit hilfreich sind. (3,35) Immer geht es dabei um ein persönliches Verhältnis zu allem, „was in der Landwirtschaft in Betracht kommt" (4,14), weil man nur dann in der „wirklichen Natur" drinnen steckt. (4,16)

Bezüglich der Fragestellungen rund um eine technisierte und maschinisierte Landwirtschaft ist damit in etwa aufgezeigt, woran man sich hinsichtlich der Biologisch-Dynamischen Wirtschaftsweise orientieren kann. Es geht um ein ausgewogenes Verhältnis zwischen Effizienz (Einsatz von Maschinen und Technik) und Resilienz (handwerklich-landwirtschaftliche Arbeit). Die Präsenz des menschlichen Bewusstseins und die Wirkungen der menschlichen Taten sind wichtige Elemente, auf die nicht verzichtet werden kann. Diese Anforderung ist heutzutage noch aktueller als sie zu Beginn des 20. Jahrhunderts schon war. Viele Prinzipien der erneuerten Landwirtschaft lassen sich darauf zurückführen.

Im Blick auf die Zukunft der konventionellen Landwirtschaft stellen sich die Fragen noch viel deutlicher. Nicht nur, dass die Maschinen immer größer und komplexer werden, auch die Digitalisierung schreitet immer weiter voran. Manches erscheint mittlerweile geradezu als ein Gegenbild dessen, was in Koberwitz entwickelt wurde. Beim „Precision Farming" geht es um die ortsdifferenzierte und zielgerichtete Bewirtschaftung landwirtschaftlicher Nutzflächen, aber den Ausschlag dafür liefert eben nicht das geschulte Bewusstsein der Landwirte, sondern eine künstliche Intelligenz. Ähnlich verhält es sich mit dem „Smart Farming", bei dem von Computern optimale Düngermengen und -verteilungen berechnet werden. Das „Digital Farming" wird die Automatisierung in der Landwirtschaft noch weiter voranbringen. Dazu gehören Big-Data-Analysen, die standortspezifische Entscheidungen optimieren.

Angesichts dieser Entwicklungen wird man sehr aufmerksam und in Kenntnis der Anthroposophie zu erwägen haben, was die essentiellen Werte und Prinzipien der biologisch-dynamischen Landwirtschaft sind, und wie sie sich in Zukunft positioniert.

Eingriffe in die Natur

Die menschliche Lebensart beruht darauf, dass in die Natur eingegriffen wird. Gebäude, Straßen und Bahnlinien prägen den Lebensraum. Böden werden zu landwirtschaftlichen Nutzflächen, Wildtiere werden verdrängt oder domestiziert, und gewaltige Transportsysteme gewährleisten den weltweiten Austausch von Waren und Informationen. Die bewirkten Veränderungen sind mittlerweile unumkehrbar und beeinflussen in einer ursprünglich nicht vorgesehenen Weise die Evolution. (→ Band 1: 1.1 und 3.4) Wohin sich alles entwickeln wird, ist nicht zu sagen, aber man weiß, dass all das ausgesprochen folgenreich ist. Bedenklich ist vor allem, dass der Druck auf die Ökosysteme nicht weniger, sondern eher noch zunehmen wird. In einem Wortspiel formte jemand aus dem Wort Zivilisation den Begriff „Zuvielisation", womit die Problematik treffend charakterisiert ist.

Seit dem Beginn des 20. Jahrhunderts hat der Einsatz chemischer Düngemittel und Pestizide stark zugenommen. Diese giftigen Stoffe, mit denen man absurderweise Nahrungsmittel produzieren will, bleiben im Boden und gefährden die dort lebenden Organismen. Inzwischen ist vielerorts sogar das Grundwasser kontaminiert. Hinzu kommt, dass in Asien, Südamerika und Teilen Afrikas in großem Stil Waldflächen gerodet werden, um Anbauflächen für Soja, Palmöl, Weizen oder Zuckerrohr zu schaffen. Täglich gehen auf diese Weise etwa 30 Hektar Primärwald unwiederbringlich verloren. Auch die Überfischung der Meere hat drastische Folgen für das Ökosystem. Und so stellt sich mehr denn je die Frage, inwieweit der Mensch in das natürliche Gefüge des Lebens überhaupt eingreifen darf?

Die dritte Fragenbeantwortung begann damit, dass bezüglich der Schädlingsbekämpfung in diese Richtung gefragt wurde: „Ist es erlaubt, durch diese Methoden über weite Flächen hin das tierische und pflanzliche Leben so ohne Weiteres zu vernichten?", worauf Rudolf Steiner geantwortet hat:

„Unsere Landwirtschaft innerhalb der zivilisierten Gegenden müsste immer schlechter und schlechter werden, und es würde nicht nur bloß eine partielle Hungersnot und Teuerung da oder dort eintreten, sondern diese würden dann ganz allgemein werden. Das ist eine Sache, die in gar nicht so ferner Zukunft da sein wird, so dass man eigentlich keine andere Wahl hat, als dass man die Zivilisation zugrunde gehen lässt auf der Erde, oder aber, dass man sich darum bemüht, die Dinge so zu gestalten, wie sie eben eine neue Fruchtbarkeit hervorbringen können. In Bezug auf die Notwendigkeit hat man eigentlich heute keine Wahl, zu diskutieren darüber, ob die Dinge erlaubt sind oder nicht." (F3,1)

Die Notwendigkeit des Eingreifens in die Natur wird demnach nicht verneint, aber es wird zugleich gesagt, dass es darauf ankommt „die Dinge so zu gestalten, wie sie eben eine neue Fruchtbarkeit hervorbringen können". Entscheidend für die Einsicht in die natürlichen Bedingungen und für die Qualität eines adäquaten Handelns ist die zugrundeliegende Gesinnung: „Man weiß etwas über eine Sache und sieht es ihr auch äußerlich an, sieht es dem Leinsamen und der Möhre an, was sie im Tier für einen Prozess durchmachen, so ist das eine solche Objektivierung, die man da durchmacht, wenn sie Wirklichkeit wird, dass das tatsächlich eigentlich gar nicht denkbar ist, ohne sich mit einer gewissen Frömmigkeit zu durchdringen. Und Sie werden das gewinnen, das im Dienste der Menschheit, im Dienste des Universums zu tun.“ (F4,18)

Auf die ethische Dimension der Fragestellung ging Rudolf Steiner weiter ein, indem er darauf hinwies, dass es verschiedene Ebenen sind, die es zu beachten gilt. Der ausgewachsene Fisch ist etwas anderes als der Fischlaich. Fängt und tötet man den ausgewachsenen Fisch, schafft man nur etwas Unordnung in der Natur, während man durch das Abschöpfen vom Laich einen noch unvollendeten Entwicklungsprozess unterbricht. (F4,19)

Bereits im Eröffnungsvortrag am 7. Juni 1924 kam Rudolf Steiner darauf zu sprechen, wie wichtig es ist, ein Lebewesen zu verstehen, indem man über die vermeintliche Begrenzung hinaus die weiten – auch kosmischen – Zusammenhänge in den Blick nimmt. Das entspricht einem früher noch instinktiven Verhalten, das es im Sinne der Anthroposophie bis hin zu einer neuen „geistigen Einsicht“ zu entwickeln gilt (1,11 bis 13), die schließlich erfasst, „unter welchen Bedingungen der Weltenraum mit seinen Kräften auf das Irdische wirken kann“. (2,18) Dieses Motiv findet sich in den Vorträgen des Kurses immer wieder. Gemeint ist ein ganzheitliches Erfahren der Natur und der Lebenszusammenhänge: „Wir können gar nicht sagen, dass wir uns als Menschen absondern können, sondern wir sind verbunden mit unserer Umgebung, wir gehören schließlich dazu. Ebenso, wie mein kleiner Finger zu mir gehört, so gehören die Dinge, die drum herum sind, natürlich zu dem ganzen Menschen dazu. Es muss ein fortwährender Stoffaustausch da sein. Es muss auch zwischen der Erde mit allen ihren Wesen und dem ganzen Weltenall so sein. Alles dasjenige, was auf der Erde in physischen Gestalten lebt, muss zurückgeführt werden können in das Weltenall, gewissermaßen gereinigt und geläutert werden können in dem Weltenall.“ (3,28) Für das systemische

Erkennen erscheint dann eine jede Pflanzenart wie ein Organ im alles umfassenden Organismus. (3,41)

Der Raubbau an der Natur muss durch sachgerechte Düngung des Bodens ausgeglichen werden (5,11): „Und da kommt es nicht darauf an, dass wir ihm bloß Substanzen zusetzen, von denen wir glauben, dass er sie haben muss, damit er sie in die Pflanzen befördert, sondern es kommt darauf an, dass wir ihm lebendige Kräfte zusetzen. Denn für die Pflanze sind viel wichtiger lebendige Kräfte als bloß die substantiellen Kräfte, als bloß die Substanzen. Wenn wir nach und nach einen Boden haben würden, der noch so reich an dieser oder jener Substanz ist, er würde dem Pflanzenwachstum doch nichts nützen, wenn wir der Pflanze nicht durch die Düngung die Fähigkeit beibringen würden, dasjenige, was der Boden enthält an Wirkungen, auch in den eigenen Leib aufzunehmen. Darum handelt es sich ja." (5,14) Das menschliche Handeln – hier bezüglich der Düngung – kann also darauf gerichtet sein, die Lebensprozesse der Erde direkt zu fördern. Das entspricht einem ökologischen Impuls von Ausgleich und Heilung. Sogar das Zurücknehmen der landwirtschaftlichen Aktivitäten mit den damit verbundenen Ertragseinbußen – aber gleichzeitigen Qualitätssteigerungen – kann zum „Wesen einer günstigen Landwirtschaft" gehören. (7,30)

Wie Geistiges im Irdischen wirkt

Die Art unseres Umgangs mit der Erde hängt sehr damit zusammen, als was wir sie verstehen. Faktisch ist es so, dass sie für zahllose Lebewesen eine auskömmliche Existenz ermöglicht. Aber es ist auch so, dass wir Menschen dazu neigen, die Erde permanent zu überfordern. Wir entnehmen und verbrauchen zu viel. Unser ökologischer Fußabdruck geht weit über die Biokapazität hinaus. Während pro Kopf etwa 1,8 Gha (globaler Hektar) zur Verfügung stehen, beanspruchen wir im globalen Norden mit steigender Tendenz 2,7 Gha. Für die

Lebensart der Menschen in den hochindustrialisierten und technisierten Ländern ist eine Erde schon längst nicht mehr genug. Zu dieser Überforderung kommt es, weil wir die Erde nicht als Lebewesen verstehen.

Parallel zur industriellen und wissenschaftlichen Entwicklung hat sich in den vergangenen zwei Jahrhunderten eine Denkart verbreitet, die alles Leben – selbst die Gedanken und Gefühle – auf Gesetzmäßigkeiten und Funktionen der Materie zurückführt. In dieser folgt alles ganz stringent einer Ursache-Wirkung-Verkettung, in der alle Systeme durch einzelne Bestandteile vollständig bestimmt werden. In letzter Konsequenz wäre jedes Leben dann nur Ausdruck vom Zusammenkommen einzelner Elemente und der mit ihnen verbundenen Wirkungen.

Anders als für diese materialistisch-reduktionistische Denkart stellt es sich für eine holistische (ganzheitliche) Sichtweise dar. Ihr zufolge ist das Ganze mehr als die Summe seiner Teile. Es ist nicht nur vom Leben die Rede, sondern auch von Lebewesen. Zu jeder leiblichen Erscheinungsform gehört „etwas", was über die äußerlich sichtbare Erscheinung hinausgeht. Dieses Etwas – das als Form zum Stoff, oder als Idee zum Plan gehört – kann zusammengefasst als „Geist" bezeichnet werden.

Darüber, ob man Geistiges in allem äußerlich Gegenwärtigen anerkennen will oder nicht, wird man zu entscheiden haben. Je nach Art der Entscheidung verändert sich das Bild der Welt. Für unseren Umgang mit der Erde bringt das mit sich, dass wir sie weiterhin rücksichtslos ausbeuten, insofern wir sie lediglich als totes Gegenüber verstehen, oder sie liebevoll pflegen, insofern wir sie als einen Leib verstehen, dem ein Lebewesen zugehört.

In früheren Zeiten ging man noch konsequent davon aus, dass die Eigenschaften von Stoffen und ihre Reaktionen als Lebensäußerungen der Materie zu verstehen sind. Man bezeichnete das als „Alchimie". Erde, Wasser, Luft und Feuer galten als Urelemente, die gegensätzlichen Prinzipien (warm – kalt, trocken – feucht, usw.) folgend existierten. Von einzelnen Stoffen bis hin zur ganzen Natur konstatierte man einen Zusammenhang und eine Ordnung, was als „geistig" verstanden wurde.

Als man in der ersten Fragenbeantwortung über das Ausbringen der Mistpräparate sprach, wurde gesagt, dass „ja tatsächlich nichts anderes als die Strahlung wirkt, nicht mehr die Substanzen, nur noch das dynamische Strahlen". (F1,4) Gemeint waren damit Wirkungen, die dem Geistigen zugeordnet sind und über das physikalisch Messbare hinausgehen. In der zweiten Fragenbeantwortung wies Rudolf Steiner darauf hin, dass und wie diese Strahlungen der Präparate beim Ausbringen im Dung zu beachten sind. (F2,27)

Auch die Wirkungen der Planeten auf die Erde wurden als Strahlungen bezeichnet, deren Kraft jahreszeitlich variiert: „Frostwirkungen sind immer eine wesentliche Verstärkung des kosmischen Einflusses, der in der Erde tätig ist. Nun hat dieser kosmische Einfluss ein normales Mittel, wenn wir bestimmte Temperaturgrade haben. Bei bestimmten Temperaturgraden ist dieser Einfluss gerade derjenige, den die Pflanze braucht. Wenn wir nun einmal dauernden und auch zu intensiven, zu tief gehenden Frost haben, so ist die Einwirkung des Himmels auf die Erde zu stark, und wir bekommen in den Pflanzen die Tendenz, heraus nach den verschiedenen Richtungen hin zu verstengeln, Faden zu bilden, also sich in Dünnheit auszubreiten, und das wird auch natürlich unter Umständen, weil es wiederum dünn ist, durch den außen bestehenden Frost sogleich in Empfang genommen und wird vernichtet, sodass wir in dem Frost, der zu weit geht, haben würden eine Erscheinung, die schon dem Pflanzenwachstum außerordentlich schädlich sein muss, weil eben zu viel Himmel da in den Erdboden hineinkommt." (F4,8)

Nachvollziehbar wird all das – wie gesagt – aufgrund einer inneren Haltung, die damit rechnet, dass allem Lebendigen etwas Wesentliches, Geistiges zugehört. Im *Landwirtschaftlichen Kurs* wird diese innere Haltung als „empfindendes Erkennen" bezeichnet, das in der Lage ist, „intime Naturwirkungen" zu erfassen. (3,45) Gelingt das, wird das Verhältnis zur Erde ein anderes, und zwar deswegen, weil sich der so empfindende Mensch ihr (geistiges) Wesen zum Bewusstsein bringt.

Das Kapitel kurz und knapp:

- Zu Beginn des 20. Jahrhunderts war die Mechanisierung der Landwirtschaft bereits so weit fortgeschritten, dass sich gravierende Veränderungen abzeichneten. Der darin wirkende Wachstumsdruck ist systemisch und folgenreich.
- In der biologisch-dynamischen Landwirtschaft ist sehr bedeutend, dass der Mensch in seinem Tun den Dingen etwas mitgibt. Darum ist der Einsatz von Maschinen nicht in allen Bereichen sinnvoll. Es geht um das Zusammenwirken des Seelisch-Geistigen mit demjenigen, was um uns herum ist.
- Die menschliche Lebensart beruht darauf, dass in die Natur eingegriffen wird. Es kommt aber darauf an, dass die Dinge so gestaltet werden, dass sie eine neue Fruchtbarkeit hervorbringen können.
- Die Art des Umgangs mit der Erde hängt sehr damit zusammen, als was sie verstanden wird. Eine materialistisch-reduktionistische Denkart führt zu anderen Ergebnissen als eine holistische (ganzheitliche) Sichtweise.

3.3 Weiteres zu den Quellgründen

Motive im Landwirtschaftlichen Kurs

Die biologisch-dynamische Landwirtschaft beruht nicht nur auf dem Einsatz ihrer speziellen Präparate. Wer nur darauf schaut, erfasst nicht alles. Es ist wie mit der Waldorfpädagogik, die ja auch nicht nur im Unterricht in Eurythmie besteht, sondern auf einem Curriculum vieler verschiedener Fächer sowie einer durchgehend menschenkundlich ausgerichteten Methodik und Didaktik beruht.

In der anthroposophisch erneuerten Landwirtschaft lassen sich, wie bereits gesagt, die drei Bereiche der Ökonomie, Ökologie und Ökosophie unterscheiden. Sie bilden die Facetten ab, die für das Zustandekommen des *Landwirtschaftlichen Kurses* ursächlich waren, und die bis heute die biologisch-dynamische Bewegung in ihrer Vielfalt prägen. Obwohl nicht selten die speziellen Interessen und Neigungen einzelner Personen nur dem einen oder anderen dieser drei Bereiche zugeordnet werden können, gehören sie doch zusammen und wollen in der landwirtschaftlichen Praxis gleichviel beachtet werden. Für jeden der drei Bereiche kann im Einzelnen erarbeitet werden, was den biologisch-dynamischen Ansatz insgesamt ausmacht. Dazu sollen nun noch ein paar Aspekte skizziert werden.

Gleichgewicht (Homöostase)

Die spezielle, biologisch-dynamische Ökonomie unterscheidet sich zum Teil sehr deutlich von der konventionellen landwirtschaftlichen Betriebswirtschaft. Insbesondere geht es darum, in allen Vorgängen ein Gleichgewicht zu suchen, während es in der sonst vorherrschenden Ökonomie stets nur darum geht, mit immer weniger Aufwand immer höhere Erträge zu erwirtschaften. Durch dieses Gebot der fortwährenden Effizienzsteigerung wird aber die Resilienz, also die Widerstandskraft eines Systems, direkt untergraben. Dass es bei der Suche nach wirklich nachhaltigen und ökologisch sinnvollen Formen der Ökonomie immer darum geht, ein Gleichgewicht zwischen Effizienz und Resilienz finden zu müssen, lässt sich gegenwärtig für alle Bereiche der globalisierten Wirtschaft als Notwendigkeit erkennen. Für die biologisch-dynamische Landwirtschaft ist ein solches systemisches Gleichgewicht essenziell.

Im *Landwirtschaftlichen Kurs* hob Rudolf Steiner schon gleich zu Beginn die Bedeutung der von ihm so genannten „landwirtschaftlichen Individualität" und des „geschlossenen Kreislaufs" hervor. Das bildet den Ausgangspunkt der biologisch-dynamischen Ökonomie:

„Nun, eine Landwirtschaft erfüllt eigentlich ihr Wesen im besten Sinne des Wortes, wenn sie aufgefasst werden kann als eine Art Individualität für sich, eine wirklich in sich geschlossene Individualität. Und jede Landwirtschaft müsste eigentlich sich nähern – ganz kann das nicht erreicht werden, aber sie müsste sich nähern – diesem Zustand, eine in sich geschlossene Individualität zu sein. Das heißt, es sollte die Möglichkeit herbeigeführt werden, alles dasjenige, was man braucht zur Hervorbringung, innerhalb der Landwirtschaft selbst zu haben, wobei zur Landwirtschaft der entsprechende Viehstand selbstverständlich hinzugerechnet werden muss. Im Grunde genommen müsste eigentlich dasjenige, was in die Landwirtschaft hereingebracht wird an Düngemitteln und ähnlichem von auswärts, das müsste in einer ideal gestalteten Landwirtschaft angesehen werden schon als ein Heilmittel für eine erkrankte Landwirtschaft." (2,2)

Die Bedeutung des Angesprochenen lässt sich verstehen, wenn man darauf blickt, dass es für jeden lebendigen Organismus einen Idealzustand gibt, in dem alle physiologischen Körperfunktionen ausgewogen sind. Dieser Zustand wird als „Homöostase" bezeichnet und ist im übertragenen Sinne genau das, was Rudolf Steiner im eben wiedergegebenen Zitat für den Hoforganismus beschrieben hat. Wenn es betriebswirtschaftlich darum geht, dass „die Bilanz stimmt", bedeutet das im Sinne der biologisch-dynamischen Ökonomie vor allem, dass Aufwand und Ertrag ausgeglichen sind. Gewinne, die über eine angemessene Versorgung der Beteiligten hinausgehen, die also den natürlichen Umfang von Kapital und Vermögen unverhältnismäßig anwachsen lassen, können und sollen es – weil es nie nachhaltig ist – in der biologisch-dynamischen Landwirtschaft nicht geben.

Dieses Prinzip gilt nicht nur für die buchhalterische Darstellung, sondern, und das sogar zuerst und vor allem, für jede Form landwirtschaftlicher Betätigung. Der Erdboden selbst wird als Organ gesehen (2,5) und die Jahreszeiten als Lebensprozess. (2,12) Dabei wird der Radius der infrage kommenden Wirkungen weit gezogen, und zwar so weit, dass er bis in den Kosmos hinaus reicht. (2,18) Der landwirtschaftliche Betrieb selbst wird als Organismus verstanden, dessen Lebensbedingungen und -funktionen es zu pflegen gilt. Er ist ein homöostatisches System:

„Es ist wirklich solch eine Landwirtschaft ein Organismus. Da entwickelt er sein Astralisches oben, und das Vorhandensein von Obst und Wald entwickelt das Astralische. Wenn von dem, was dann über der Erde ist, die Tiere richtig fressen, dann entwickeln sie in demjenigen, was von ihnen als Dünger kommt, die richtigen Ich-Kräfte, die wiederum aus der Wurzel heraus die Pflanzen in der richtigen Weise in der Richtung der Schwerkraft wachsen lassen. Es ist eine wunderbare Wechselwirkung. Aber diese Wechselwirkung muss man vorschreitend verstehen. Nun sehen Sie, dadurch, dass das so ist, ist eine Landwirtschaft eine Art Individualität." (8,16 und 17)

Verbundenheit (Suffizienz)

Die auskömmliche Versorgung der Organe und Organsysteme ist im Sinne des *Landwirtschaftlichen Kurses* das Kernanliegen der biologisch-dynamischen Ökologie. In der Physiologie spricht man diesbezüglich von der „Suffizienz". In der Landwirtschaft bezieht sie sich ganz allgemein auf die Versorgung der Pflanzen und Tiere mit Nährstoffen, wobei damit in der biologisch-dynamischen Landwirtschaft nicht nur irdische Stoffe, sondern zugleich auch kosmische Kräfte gemeint sind. (3,1) Der ökologisch versierte Blick erfasst demnach weitreichende Zusammenhänge, in denen alles mit allem verbunden ist:

„Denn es darf natürlich nicht so sein für unser Irdisches, dass die Erde da so als Festes hinwandert im Weltenall und sich absondert von der übrigen Welt. Wenn das die Erde täte, dann wäre sie in der Lage, in der ein Mensch wäre, der innerhalb einer Landwirtschaft lebte, aber selbständig bleiben will, das, was da draußen auf dem Acker wächst, außer sich lassen will. Das tut er vernünftigerweise nicht. [...] Ebenso, wie mein kleiner Finger zu mir gehört, so gehören die Dinge, die drum herum sind, natürlich zu dem ganzen Menschen dazu. Es muss ein fortwährender Stoffaustausch da sein. Es muss auch zwischen der Erde mit allen ihren Wesen und dem ganzen Weltenall so sein. Alles dasjenige, was auf der Erde in physischen Gestalten lebt, muss zurückgeführt werden können in das Weltenall, gewissermaßen gereinigt und geläutert werden können in dem Weltenall." (3,28)

Die bäuerliche Intuition erfasst das feine Leben und Weben der Natur (3,35 und 36) und erkennt jede Pflanzenart und jedes Pflanzenwesen im systemischen Zusammenhang. (3,41) So ein ganzheitliches Naturerleben erschließt ein Bewusstsein für naturintime Wechselwirkungen (7,4), die schließlich auch den Ausschlag für die Gestaltung einer „günstigen Landwirtschaft" geben:

„In der richtigen Verteilung von Wald, Obstanlagen, Strauchwerk, Auen mit einer gewissen natürlichen Pilzkultur liegt so sehr das Wesen einer günstigen Landwirtschaft, dass man wirklich mehr erreicht für die Landwirtschaft, wenn man sogar die nutzbaren Flächen des landwirtschaftlichen Bodens etwas verringern müsste. Jedenfalls übt man keine ökonomische Wirtschaft aus, wenn man die Fläche des Erdbodens so weit ausnutzt, dass alles das hinschwindet, wovon ich gesprochen habe, und man darauf spekuliert, dass man dadurch mehr anbauen kann. Das, was man da mehr anbauen kann, wird eben in einem höheren Grade schlechter, als dasjenige beträgt, was man durch die Vergrößerung der Flächen auf Kosten der anderen Dinge erreichen kann. Man kann eigentlich in einem Betriebe, der so stark ein Naturbetrieb ist wie der landwirtschaftliche, gar nicht darinnen stehen, ohne in dieser Weise Einsichten zu haben in den Zusammenhang des Naturbetriebs, die Wechselwirkung des Naturbetriebs." (7,30)

Weisheit (Spiritualität)

Als der norwegische Philosoph Arne Næss in seinem Essay *Shallow and the Deep* 1972 die Bezeichnung „Tiefenökologie" prägte, bezeichnete er damit eine Sichtweise, für die Raimon Panikkar ein paar Jahre vorher den Begriff „Ökosophie" gefunden hatte. Gemeint ist eine ökologische Philosophie, die für alle Lebewesen eine biosphärische Gleichheit anerkennt. Das entspricht grundsätzlich auch den Ausführungen im *Landwirtschaftlichen Kurs*, die aber zusätzlich noch die besondere Rolle des Menschen im Ganzen der Natur umfassen, und zwar in dem Sinne, dass der Mensch seine besonderen Begabungen und Fähigkeiten zum Wohl der Natur einzusetzen hat. Die Ziele seines Handelns entwickelt der Mensch vor allem nicht aus seinen eigenen Bedürfnissen und Absichten, sondern aus denen der Natur. Dafür ist ein holistisches Erleben ihres Wesens nötig.

Raimon Panikkar bezeichnete die Ökosophie als Kunst des Umgangs mit der Natur. In diesem Zusammenhang verwendete er den Begriff „Alchemie". Und wenn er von „Mönchen" spricht, können wir, um den Anschluss an Koberwitz zu finden, auch „Landwirt“ verstehen:

„Die Alchemie war, mehr noch als die Astrologie, eine Domäne der Mönche. Die echten Alchemisten haben ihre Wissenschaft nie als Jagd nach Reichtum oder Macht verstanden, sondern als den Beginn (nämlich bei der materiellen Welt) einer Verwandlung des ganzen Kosmos. Alchemie ist ‚die Kunst etwas zu vollenden, was noch nicht vollendet ist‘, sagt Paracelsus und gibt damit dem Glauben seiner Zeit Ausdruck, dass die Dinge unvollkommen und unvollendet geschaffen sind. Der Mönch unterzieht sich dieser Aufgabe der vollendeten Verwandlung, indem er bei Mutter Erde und ihren Elementen beginnt: nicht nur bei ihren physischen, sondern auch bei ihren – modern gesagt – psychischen. In Wirklichkeit – in der Wirklichkeit, wie der Mönch sie sieht – sind alle Elemente spiritueller Natur.“ [63]

Die biologisch-dynamische Ökosophie beschäftigt sich mit den großen Zusammenhängen, um den Geist zu verstehen. (4,1 und 3) Sie weiß, dass das Leben einer Pflanze beispielsweise über die äußerlich sichtbare Kontur weit hinaus in den Umkreis reicht (4,12) und versteht das Düngen als Verlebendigung der Erde:

„Man muss wissen, dass das Düngen in einer Verlebendigung der Erde bestehen muss, damit die Pflanze nicht in die tote Erde kommt und es schwer hat, aus ihrer Lebendigkeit heraus das zu vollbringen, was bis zur Fruchtbildung notwendig ist. Sie vollbringt leichter das, was zur Fruchtbildung notwendig ist, wenn sie schon ins Leben hineingesenkt wird. Im Grunde genommen hat alles Pflanzenwachstum dieses leise Parasitäre, dass es sich eigentlich auf der lebendigen Erde wie ein Parasit entwickelt. Und das muss sein. Wir müssen, da wir in vielen Gegenden der Erde nicht darauf rechnen können, dass die Natur selber genügend organische Abfälle in die Erde hineinversenkt, die sie dann so weit zersetzt, dass wirklich die Erde genügend durchlebt wird, wir müssen dem Pflanzenwachstum mit der Düngung zu Hilfe kommen in gewissen Gegenden der Erde. Am wenigsten in den Gegenden, wo sogenannte Schwarzerde ist. Denn diese ist eigentlich so, dass die Natur selber das besorgt, dass die Erde genügend lebendig ist, wenigstens in gewissen Gegenden.“ (4,13)

Im Vortrag vom 13. Juni, der unter den sieben Vorträgen des Kurses von besonderer Tiefe ist, finden sich eindrückliche Ausführungen zur Belebung der Erde. Dabei ist von homöopathischen Wirkungen (5,15) die Rede, und ebenso von einer „geheimen Alchimie im organischen Prozess“. (5,41)

Der Zusammenhang kann durch eine „instinktive Agrikulturweisheit“ (6,15) erfasst werden, die das ganze Universum zu Rate zieht, um die Natur in Gänze erleben und verstehen zu können:

„Geradeso, wie man bei der Magnetnadel die ganze Erde, um die Eigenschaften der Magnetnadel zu erklären, heranziehen muss, so muss man eben, wenn man an die Pflanzen kommt, nicht bloß auf das Pflanzliche, Tierische, Menschliche sehen, sondern man muss das ganze Universum zu Rate ziehen. Denn aus dem ganzen Universum ist all das Leben heraus, nicht bloß aus demjenigen, was die Erde uns überlässt – Die Natur ist ein Ganzes, von überall her wirken die Kräfte. Wer einen offenen Sinn hat für das offensichtliche Kräftewirken, der begreift die Natur.“ (6,42 und 43)

Das Kapitel kurz und knapp:

- In der anthroposophisch erneuerten Landwirtschaft lassen sich die drei Bereiche der Ökonomie, Ökologie und Ökosophie unterscheiden, für die im Einzelnen erarbeitet werden kann, was den biologisch-dynamischen Ansatz ausmacht.
- In der biologisch-dynamischen Ökonomie geht es darum, in allen Vorgängen ein Gleichgewicht zu suchen. Der gemeinte Idealzustand, in dem alle physiologischen Körperfunktionen ausgewogen sind, wird allgemein als „Homöostase" bezeichnet. Der landwirtschaftliche Betrieb selbst wird als Organismus verstanden, dessen Lebensbedingungen und -funktionen es zu pflegen gilt. Er ist ein homöostatisches System.
- Die auskömmliche Versorgung der Organe und Organsysteme ist das Kernanliegen der biologisch-dynamischen Ökologie. In der Physiologie spricht man diesbezüglich von der „Suffizienz". Die bäuerliche Intuition erfasst das feine Leben und Weben der Natur und erschließt ein Bewusstsein für naturintime Wechselwirkungen, die schließlich auch den Ausschlag für die Gestaltung einer „günstigen Landwirtschaft" geben.
- Die biologisch-dynamische Ökosophie anerkennt für alle Lebewesen eine biosphärische Gleichheit. Die besondere Rolle des Menschen im Ganzen der Natur besteht darin, dass er seine spezifisch menschlichen Begabungen und Fähigkeiten zum Wohl der Natur einzusetzen hat. Dem liegt eine „instinktive Agrikulturweisheit" zugrunde.

TEIL 4

Ein Blick in die Praxis

Jungbauern Familie Wachinger

4.1 „... es ist schön, und ich tue das alles gern!"

Der Wachinger-Hof

Es ist nicht weit vom Stadtzentrum Münchens zur Gemeinde Pliening, aber es ist dort, wenn man so will, eine ganz andere Welt, die vor allem landwirtschaftlich geprägt ist. Hier, im Zentrum der „Münchner Schotterebene", reicht der Blick weit über Wiesen, Felder und vereinzelte Haine. Die Siedlungsgeschichte reicht bis in die Jungsteinzeit zurück. Im frühen Mittelalter ließ sich hier eine alamannische Sippe nieder, und im zu Ende gehenden Mittelalter begann die Geschichte vom heutigen „Wachinger-Hof". Seither wurde der Betrieb von Generation zu Generation weitergegeben. Niemals kam er in fremde Hände. Heute leben von der Familie Wachinger Uroma, Großeltern, Eltern und vier Kinder auf dem altehrwürdigen, frisch renovierten und gepflegten Bauernhof zusammen.

Übergabe vom Vater an den Sohn

Die Gebäude erzählen von einer langen Geschichte. Alte Architektur wurde bei den Renovierungen sehr geschmackvoll bewahrt, und neugebaute Erweiterungen ergänzen sinnvoll und zweckmäßig den Bestand. Innen wie außen dominiert die weiße Farbe, die nicht nur an Sonnentagen lichte Helligkeit schafft.

Johannes Wachinger, der heute gemeinsam mit seiner Frau Katharina den Hof bewirtschaftet, war unter den drei Kindern des Altbauern schon früh für die Nachfolge ausgewählt. Im Jahr 2005 war es dann soweit – er hatte zwei Jahre vorher seinen Meisterbrief erhalten –, dass die Umstellung des Betriebes auf „Bio" begann. Da lief der Betrieb

Rinder auf dem Biohof Wachinger

noch auf den Vater, der seinen Sohn aber gewähren ließ. „Meine Eltern waren dafür immer schon aufgeschlossen und motiviert", sagt er. „Sie haben zwar nicht das Fachwissen, aber die Umstellung auf Bio immer voll unterstützt." Vater und Sohn arbeiteten bis 2014 zusammen, seither trägt Johannes die Verantwortung allein.

Seit der Übernahme hat sich der Betrieb weiterentwickelt. Nicht nur, dass es inzwischen auch ein Demeter-Betrieb geworden ist, sondern ebenso hinsichtlich der gesamten wirtschaftlichen Situation. Die hat sich aufgrund der Umstellung stabilisiert. Die Wachingers überprüfen ihre Einschätzung immer wieder durch Vergleiche mit anderen Betrieben. Viel wurde in den Maschinenpark investiert, von dem Johannes Wachinger sagt, dass es „nicht übertrieben, aber gut ausgestattet" sein soll. Digitalisierung in der Landwirtschaft hingegen brauche er nicht.

Der heute erreichte Stand ist das Ergebnis von besonderem Fleiß. Zusätzliche Arbeit sicherte viele Jahre einen zusätzlichen Verdienst, der in vollem Umfang dem Betrieb zugute kam. „Seinerzeit hatte ich Glück. Auf einer Trabrennbahn hatten sie aus wirtschaftlichen Gründen die Mitarbeiter entlassen. Da habe ich vom Maschinenring aus die Schlepparbeiten übernommen. Wenn Sonntags Renntag war, bin ich um 5 Uhr aufgestanden, habe erst den Stall gemacht und bin dann zur Rennbahn gefahren. Es ging dort bis in den späten Abend. Als ich nach Hause kam, habe ich dann wieder im Stall geschaut, ob alles in Ordnung war. All die Stunden auf der Rennbahn habe ich abrechnen können. Das habe ich so etwa zehn Jahre gemacht, und irgendwann konnte ich einen neuen Schlepper kaufen…" Johannes Wachinger sagt von sich, dass er gern arbeitet. Landwirt ist er aus Überzeugung und Leidenschaft.

Die Umstellung

Es ist ein großes Glück, wenn eigene latente Wünsche und Fragen durch Begegnungen mit anderen Menschen ins Bewusstsein gelangen. So nahm Johannes Wachinger im Dezember 2002 im Rahmen seiner Ausbildung an der Fachschule an einem Seminar für umstellungsinteressierte Junglandwirte teil. „Das war ein Schlüsselerlebnis für mich", erinnert er sich. „Ich hörte in wenigen Stunden viele Sachen, von denen ich bis dahin noch nichts erfahren hatte. Wir hatten intensive Diskussionen, weil wir uns darüber geärgert haben, dass man uns vorher nichts darüber erzählt hatte. ‚Bio' wurde von der rot-grünen Regierung forciert. Das Seminar war verbandsübergreifend. Dann haben wir uns Biobetriebe angeschaut und danach eröffnete ich meinen Eltern, dass ich irgendwann auch ‚Bio' machen werde. Zunächst dachte ich, dass es noch viele Jahre dauern könnte, aber ich wusste, dass es mein Weg ist!"

Mit der eingeleiteten Umstellung lernten die Wachingers Neuland kennen. Dazu gehört auch der Einsatz effektiver Mikroorganismen. Ein Seminar darüber mit Christoph Fischer eröffnete weitere Perspektiven. „Ich sah den Erfolg in der Silage, die dermaßen gut war. Die Grassilage war so gut, dass man keinen Mais mehr brauchte. Stattdessen begann ich, Kleegras anzubauen und konnte somit auch die Gülle besser verwerten. Im Futter brauchte ich wegen dem Kleegras keine Eiweißkomponenten mehr. Das Geld konnte ich sparen." Der Erfolg gab ihnen recht, denn in der Umstellungszeit konnten sie das wirtschaftliche Ergebnis des Betriebes gleich halten.

Mehr und mehr konnten sie einen geschlossenen Hofkreislauf entwickeln. Die Mastbullen wurden abgeschafft, der Bestand an Jungvieh blieb gleich, während die Kuhherde vergrößert wurde. In der Region waren sie damals der erste Biobetrieb. Heute bewirtschaften sie 40 Hektar Eigenfläche und 25 Hektar Pachtland, die etwa hälftig auf Ackerflächen und Grünland entfallen. Katharina Wachinger sagt, dass mittlerweile Verpächter auf sie zukommen, weil sie das Land biologisch bewirtschaftet haben wollen: „Es sind auch Ausgleichsflächen von Wirtschaftsunternehmen darunter. Normalerweise wird dort der Humus abgetragen, um Magerwiesen zu haben. Der Boden wird also eigentlich zerstört. Demgegenüber wurde ein Konzept entwickelt, auf den Flächen alte Kulturen, z. B. Emmer, anzubauen. Eine distelverseuchte Fläche bereiten wir gerade mit Kleegras auf diesen Anbau vor."

In den letzten Jahren sind in der Region noch ein paar weitere Biobetriebe dazugekommen, mit denen die Wachingers zusammenarbeiten. Das bezieht sich auf Beratungen, aber auch auf Bearbeitung und Vermarktung. „Der Betriebskreislauf ist also nicht zu 100 Prozent geschlossen, aber es gibt viele Synergieeffekte mit anderen Betrieben."

Demeter, aus wirklicher Überzeugung

Johannes Wachinger hebt hervor, wie wichtig es ihm ist, dass die Felder gut aussehen. Was er in vielen „großartigen Vorträgen" hörte, wollte er immer sogleich umsetzen. So hatte er schon mit dem Spritzen

Heuernte auf dem Biohof Wachinger

aufgehört, als sie noch gar nicht Bio zertifiziert waren. Mit dem erworbenen Wissen konnte er das einfach nicht mehr tun. Irgendwann konnte und wollte er die Kühe nicht mehr enthornen. Ebenso erkannten die Wachingers, wie wichtig der Weidegang für die Tiere ist. „Außerdem wollten wir uns von den ganzen Massenumstellern abset- zen. Viele haben auf Bio umgestellt, die eigentlich nicht wirklich dahinter stehen. Sie wollen die besseren Milchpreise und Förderungen mitnehmen. Die machen natürlich nicht Demeter, weil die Schwelle zu hoch ist. Wir hingegen betreiben unsere Landwirtschaft aus wirklicher Überzeugung, und das wollen wir zeigen."

Einerseits waren es ganz rationale Gründe, aus denen heraus sie sich für die biologisch-dynamische Landwirtschaft entschieden haben, andererseits spielte wie so oft im Leben auch das Gefühl eine wichtige Rolle. Katharina Wachinger sagt: „Ich war vorher jahrelang auf der Alm bevor ich hierher gekommen bin. Ich weiß, dass auf Biobetrieben ein anderer Geist erlebbar ist, und bei Demeter-Betrieben noch mal mehr. Vieles ist anders. Es sind andere Menschen, es ist ein anderes Lebensgefühl da."

Als junge Frau hatte sie den Demeter-Bauern Eckart Irion kennengelernt. Das war für sie ein unvergessliches Erlebnis, ebenso wie die Begegnung mit einer Bäuerin, die sie in die Homöopathie in der Tierheilkunde eingewiesen hat. Diese Frau, sagt sie, sei eine Demeter-Bäuerin gewesen ohne es zu wissen. In den Demeter-Arbeitskreisen schätzt sie neben dem fachlichen Austausch besonders das Zwischenmenschliche. „Es ist dort keiner im Raum, mit dem man sich nicht zusammensetzen mag. Ich mache bei uns die Präparatearbeit und fahre auch zu diesen Treffen. Wir machen einiges selbst, aber noch nicht alles. Manches erarbeiten wir uns zurzeit erst. Die Präparatetreffen sind für mich Urlaubstage. Demeter ist der erste Verband, bei dem der Mensch vom Konzept her eine so zentrale Rolle spielt. Er ist nicht bloß eine Arbeitskraft, er hat einen viel größeren Stellenwert."

Ein „Bilderbuchbetrieb" wollen sie aber nicht sein. „Wir denken wirtschaftlich und der Laden muss laufen", sagt Johannes Wachinger. „Wir setzen alles so ein wie es für uns stimmig ist." Für Katharina Wachinger bedeutet das unter anderem, dass sie ganz früh aufsteht, wenn die Präparate gerührt werden. „Dann wecke ich um fünf Johannes auf, damit er 'rausfährt zum Ausbringen. Es ist viel Arbeit, aber es ist schön, und ich tue das alles gern!"

4.2 „Es ist ja unser Anliegen, all das zu ermöglichen“

Hof Sackern

In hügeliger, teils bewaldeter Landschaft südlich der Ruhr wird der „Hof Sackern“ seit rund siebenhundert Jahren bewirtschaftet – seit 1984 biologisch-dynamisch. Das Zentrum des Betriebes bildet ein Ensemble von Wohn- und Wirtschaftsgebäuden, die über geschwungene Wege miteinander verbunden sind. Alte, hohe Eichen umgeben den Hof. An verschiedenen Standorten finden sich auf dem Betriebsgelände Obstbäume, ebenso Johannes- und Jostabeeren, Stachelbeeren, Zwetschgen und Quitten. Nicht nur das denkmalgeschützte Haupthaus, auch die anderen Häuser sind von einem Flair umgeben, in dem – das fühlt man sogleich – nicht nur gearbeitet, sondern vor allem auch (gut) gelebt wird.

Landwirtschaft und Kultur

Die landschaftlich idyllische Umgebung von Hof Sackern liegt im Niederbergisch-Märkischen Land, einem Wirtschaftsraum zwischen Ruhrgebiet, Rheinschiene und Bergischem Land. In der durch die Kohle- und Stahlindustrie geprägten Region hebt sich der Demeter-Betrieb noch mehr vom Allgemeinen ab als das andernorts der Fall sein würde. Die bewirtschaftete Fläche umfasst 57 Hektar, von denen 12,5 Hektar im Eigentum des „Hof Sackern e.V.“ sind. Der wiederum hat das Anwesen an die Betriebsgemeinschaft verpachtet, die der Landwirtschaft ihr besonderes Gepräge verleiht. Neben der Landwirtschaft gibt es Bildungs- und Kulturangebote unterschiedlichster Art. „Da der Verein den Hof nicht nur für Landwirtschaft zur Verfügung stellt, sondern sich aktiv für Bildung, Forschung und Pädagogik

Eingang zum Hofladen Hof Sackern

einsetzt ist er als gemeinnützig anerkannt", heißt es dazu im Hofbericht.

Stefan König, einer der Landwirte, erklärt, wie sich Mitte der 1980er-Jahre eine Interessentengruppe in der Region Witten nach Bezugsquellen für gesunde Lebensmittel umsah. „Zeitgleich suchte die Familie Phillip hier in der Region einen Bauernhof, der übernommen werden könnte. Schließlich fanden sie diesen Hof und begannen mit der biologisch-dynamischen Bewirtschaftung. Es wurde ein Verein gegründet, der zunächst Pächter, und dann 1995 Eigentümer der Hofstelle wurde."

Der landwirtschaftliche Betrieb führte zu entsprechenden Nutzungen der bestehenden Gebäude. In der ehemaligen Rübenmiete befindet sich der Hofladen, eine frühere Ruine wurde renoviert und dient jetzt als Wohnhaus für ältere Bewohner:innen, und die alte Remise wurde zum Laufstall der Kühe. Zugebaut wurde von den Vorgängergenerationen schon immer, und auch aktuell ist man mit größeren Vorhaben befasst, wofür ein Gesamtkonzept für die künftige Hofentwicklung erarbeitet wurde. In sechs Projekten, die von einer neuen Remise für die Mähdrescher und Ackermaschinen bis hin zu einer neuen Bäckerei und Konditorei einiges umfassen, wird es derzeit umgesetzt.

„Es ist insgesamt ein großes Vorhaben", sagt Stefan König. „Wir haben zur Finanzierung eine Kampagne gestartet, die sehr erfolgreich war. Unter anderem bekamen wir zinslose Darlehen in beträchtlichem Umfang. Die Bauvorhaben werden auch im Feinstofflichen des Betriebes einiges verändern, aber es war uns ein großes Anliegen, das Vorhandene aufzunehmen und weiter zu entwickeln. An dem Konzept haben wir sehr lange gearbeitet."

Die Betriebsgemeinschaft sieht sich in der generationenweiten Verantwortung. Die lange Vorgeschichte wird fortgeschrieben, indem nun in die Zukunft reichende Impulse gesetzt werden. Diesbezüglich gilt es verschiedene Ebenen zu bedenken, auf denen die Betriebsgemeinschaft, Kund:innen, Vereinsmitglieder, Nachbarn und Freunde zusammenwirken.

Die Menschen auf dem Bauernhof

Der soziale Organismus von Hof Sackern wird durch drei juristische Personen gerahmt. Der „Verein Hof Sackern e.V." ist der gemeinnützige Eigentümer der Immobilien, während die „Betriebsgemeinschaft Hof Sackern GbR" und die „Hof Sackern Laden GbR" als Pächterinnen den wirtschaftlichen Betrieb gewährleisten. „Man kommt sich in der täglichen Arbeit sehr nahe und weiß viel voneinander", sagt Stefan König. „Keiner von uns kannte die anderen vor dem Einstieg in die Betriebsgemeinschaft. Ich selbst suchte vor etwa zehn Jahren nach einem geeigneten Bauernhof und kam von einer Camphill-Einrichtung in Irland zurück nach Deutschland. Das Leben in einer Gemeinschaft ist für meine Partnerin und mich schon immer ein Anliegen."

Sieben Gesellschafter:innen der Betriebsgemeinschaft verantworten und gestalten im Kern die tägliche Zusammenarbeit in den unterschiedlichen Bereichen der Lebens- und Arbeitsgemeinschaft. „Wir sind eine zusammen wirtschaftende Gruppe. Das gefiel mir sofort. Es gibt hier ja auch manche Impulse, die über die Landwirtschaft hinausgehen." Gemäß den Statuten des Eigentümervereins finden laufend pädagogische Aktivitäten statt. Kindergärten und Schulklassen kommen für erlebnispädagogische Exkursionen auf den Hof, und für die Zukunft ist zusätzlich ein eigener Bauernhof-Kindergarten geplant. Aber auch für die Erwachsenen gibt es über das Jahr verteilte Kulturveranstaltungen. An jedem ersten Samstag des Monats werden Hof- und Feldrundgänge durchgeführt. Das große Hoffest am 1. Mai ist mittlerweile ebenso traditionell wie das Präparatefest Anfang Oktober, bei dem an der Herstellung der biologisch-dynamischen Präparate mitgewirkt werden kann. „Das Präparatefest", sagt König, „gibt es hier schon seit 30 Jahren. Man ging damit mutig in die Welt, wollte sich nicht verstecken. Es nehmen daran immer so um die 50 Leute teil. Manche bringen sehr tief gehende Fragen mit." Und zum Jahresende wird es auf Hof-Sackern besinnlich, wenn zu Weihnachten das „Christgeburtsspiel" im Kuhstall aufgeführt wird.

Gewächshaus Hof Sackern

Allegorisch beschreibt König, wie es sich mit der vielfältigen Fülle an Aufgaben verhält: „Es sind viele Bälle in der Luft, und man muss immer schauen, dass man den richtigen wieder auffängt. Von unseren Vorgängern haben wir eine gute Infrastruktur übernommen. Nun geht es darum, alles in die Zukunft zu bringen. Manchmal sind es lange Tage, aber es macht auch Spaß. Wenn jemand fragt, ob er mit seiner Schulklasse hierherkommen kann, oder ob ein Praktikum möglich ist, da muss schon etwas gravierend dagegen sprechen, damit man es ablehnt. Es ist ja unser Anliegen, all das zu ermöglichen. In manchen Aktivitäten sind wir sogar die treibende Kraft. Beispielsweise bei der Gründung des Kindergartens."

Der Verkauf der landwirtschaftlichen Erzeugnisse erfolgt an einen ansehnlichen Kundenkreis durch den Hofladen, der an drei Tagen der Woche geöffnet ist. Hinzu kommen Liefertouren mit Abo-Kisten an weit über 300 Haushalte der Region. Die Angebotspalette umfasst eigentlich alles an Gemüse und Obst der Saison, Kartoffeln, Brot und

Backwaren, Milch und Milchprodukte sowie Eier, Wurst und Fleisch. Was nicht vom eigenen Hof stammt, wird von kooperierenden Betrieben der Region bezogen.

Der Hoforganismus und sein Umfeld

Im *Landwirtschaftlichen Kurs* ist von einem geschlossenen Hoforganismus die Rede, in dem die Menschen den Boden sowie eine ausgewogene Vielfalt von Tieren und Pflanzen hegen und pflegen. In der biologisch-dynamischen Landwirtschaft ist das ein Kernanliegen. „Wir haben, weil wir die Nachzucht komplett behalten, 40 Rinder. Insgesamt haben wir im Verhältnis zu den bewirtschafteten Flächen einen relativ hohen Tierbesatz. Aber wie wird es in Zukunft sein mit der Tierhaltung und den tierischen Produkten? In der Summe kann das alles zurückgehen, aber ich denke, dass der Qualitätsanspruch zunehmen wird. Es wird immer Menschen geben, die auf Tierwohl und Nahrungsmittelqualität Wert legen." In diesem Sinne, betont Stefan König, sind die Kund:innen Teil des Kreislaufes. „Wir erzeugen die Mengen, die unser Kundenstamm haben möchte. Und so ist es auch mit dem Futter, dessen Menge ja vom Land abhängig ist."

Versorgt wird die Herde durch den Futterbau auf dem Acker- und Grünland des Betriebes. Für das angebaute Getreide ist die Abnehmerin die eigene Hofbäckerei, die Dinkel, Weizen und Roggen von den eigenen Feldern verarbeitet. Der Gemüsebau von Hof Sackern, in dem über 30 Kulturen angebaut werden, erfolgt auf zwei Hektar Freiland und in einem 400 qm großen Gewächshaus. Die Jungpflanzen werden aus samenfestem Saatgut selbst gezogen.

In der Region hat sich in vergangenen vier Jahrzehnten viel getan. Das Thema „Bio-Lebensmittel" hat an Bedeutung gewonnen. Zunächst entstanden in der benachbarten Stadt Witten ein paar kleine, mit viel Idealismus betriebene Bioläden. Dann kam, eben so wie es mancherorts geschah, ein großer Player mit seinem Bio-Supermarkt –

und die kleinen Läden, die den Anfang bereitet hatten, verschwanden. Kürzlich aber eröffnete in Witten in zentraler Lage ein genossenschaftlich betriebener Regionalladen, die „Grüne Perle". Getragen wird das Vorhaben von einer Initiative, die sich für einen „ökologischen, solidarischen und regionalen Wirtschaftskreislauf" einsetzt. Unter den vielen regionalen Lieferanten des Ladens ist auch Hof Sackern, und Stefan König engagiert sich zusätzlich als Mitglied im Aufsichtsrat der Genossenschaft. So schließt sich auch hier der Kreis, indem eine einstmals gelegte Saat keimt.

Weidegang auf Hof Sackern

Gemüsebeet Gärtnerhof Röllingsen

4.3 „Der Hof soll ein lebenswerter Ort sein, an dem man sich wohl fühlt."

Der Gärtnerhof Röllingsen

Der „Gärtnerhof Röllingsen" ist traditionsreich. Über Generationen hinweg wurden hier die Böden landwirtschaftlich bearbeitet, und seit 1993 geschieht das biologisch-dynamisch. Damit verbunden war die Entwicklung einer Hofgemeinschaft, die bis heute den Betrieb gewährleistet, einen großen Kundenkreis mit Lebensmitteln versorgt und, sofern es die Zeit erlaubt, kontinuierlich die anthroposophischen Grundlagen der gemeinsamen Arbeit aufgreifen und bearbeiten.

Die Hauptverantwortung für den Gärtnerhof Röllingsen wird gegenwärtig durch die beiden Familien Fraune-Tillmanns und Himstedt getragen. Damit wurde vor nunmehr vier Jahren ein Generationenwechsel eingeleitet, von dem aus die Eheleute Himstedt übernehmen, was in den vorangegangenen Jahrzehnten entstanden ist. „Bei uns steht der Mensch im Mittelpunkt", sagt Kai Himstedt, „wir geben uns mit der Weiterentwicklung unserer Hofgemeinschaft sehr viel Mühe." Und Burkhard Tillmanns fügt hinzu: „Auch als ich die Hauptverantwortung trug, habe ich immer auf die Gemeinschaft geschaut, um zu meinen Entscheidungen zu finden."

Die Bedeutung des Menschen und der Hofgemeinschaft ist in der biologisch-dynamischen Landwirtschaft essenziell. Wenn Burkhard Tillmanns sagt, dass „manches sehr mit den Menschen zusammenhängt, die jeweils hier auf dem Hof leben und arbeiten", spricht daraus jahrzehntelange Erfahrung. Aber er weiß auch um die Grenzen, die es zuweilen – und immer wieder neu – zu überwinden gilt. So fand auf dem Hof kürzlich im Rahmen der biologisch-dynamischen Ausbildung ein Ausbildertag statt, an dem es darum ging, wie die Anthroposophie auf den verschiedenen Demeter-Höfen lebt. „Das Thema wurde in der Hofgemeinschaft sehr emotional diskutiert, da es auch Widerstände gegen einige Aussagen Rudolf Steiners gab", erinnert sich Tillmanns. Auf dem Gärtnerhof nahmen sie das zum Anlass, ein Tagesseminar zu veranstalten, bei dem sie sich fragten, wie die Anthroposophie gegenwärtig in der Welt steht, und was es mit der ihr entgegengebrachten Kritik auf sich hat. Das Seminar war für die eigene Betriebsgemeinschaft lehrreich, denn: „Die Mitarbeiter:innen, die zu uns kommen, kommen nicht unbedingt aus spirituellen Ambitionen", sagt Kai Himstedt. „Sie kommen meistens, weil wir eine konsequent ökologische Gärtnerei sind."

Mit der biologisch-dynamischen Landwirtschaft wird der allgemeine ökologische Impuls noch erweitert. „Es geht um eine Erweiterung des Bewusstseins, die darin besteht, dass man bemerkt, dass man mit mehr als bloß mit den Stoffen zu tun hat. Stoffe sind von mehr abhängig als nur von der Ordnung im chemischen Periodensystem. Dieses Bewusstsein gehört für mich zu der praktischen bäuerlichen Arbeit."

Biologisch-dynamisch verstandene Ökonomie

Insgesamt werden auf dem Gärtnerhof 20 Hektar Land biologisch-dynamisch nach Demeter-Richtlinien bewirtschaftet. Auf dem Freiland sowie auf 2.900 qm Gewächshaus- und Folienhausfläche werden über 60 Kulturen angebaut. Vom benachbarten biologisch-dynamisch bewirtschafteten Eschenhof wird der Kuhmist bezogen, der neben dem Kleegras die wichtigste Düngungsgrundlage für den Anbau ist. Die betrieblichen Abläufe sind eingespielt und ermöglichen die Direktvermarktung der Produkte über Marktstände, Abokisten und den eigenen Hofladen. Außerdem wird ein Bio-Fachhandel im nahegelegenen Soest beliefert.

„Wir machen eine Vermarktung, die zum Hof passt", erläutert Himstedt. Betriebswirtschaftlich ist es vor allem das Gleichgewicht der

Der Gaertnerhof Röllingensen

Organe im Betriebsorganismus, um das es geht, nicht ein fortgesetztes Wachstum, das irgendwann die natürlichen Gegebenheiten des Betriebes übersteigt. „Wir wollen nicht den Umsatz steigern, sondern mit einer möglichst guten Marge das vermarkten, was wir auf unseren Flächen angebaut haben." Die kalkulierten Preise geben den tatsächlichen Aufwand wieder, was die Kundschaft des Gärtnerhofs auch akzeptiert. „Die Menschen sprechen mit uns eher über den guten Geschmack als über den Preis vom Gemüse", sagt Himstedt.

Eine weitere Besonderheit ist die außerfamiliere Hofübergabe, die zurzeit entwickelt wird, da die Kinder der Familie Fraune-Tillmanns in anderen Bereichen ihre Berufung gefunden haben. Mit dem Generationenwechsel muss auch die Frage des Umgangs mit dem Eigentum neu gestellt werden. Burkhard Tillmanns erklärt worum es geht: „Die Immobilien sollen in eine Stiftung eingebracht werden. Das Land soll langfristig für die biologisch-dynamische Landwirtschaft zur Verfügung stehen und von Menschen bearbeitet werden, die es wollen und

Jungpflanzenanzucht Gärtnerhof Röllingsen

Bio-Obst vom Gärtnerhof Röllingsen

denen sonst kein Hof zur Verfügung stünde. Auch ich habe den Hof mit der Intention übernommen, ihn 30 Jahre zu bewirtschaften und ihn dann der nächsten Generation zur Bewirtschaftung zu übergeben". Mit diesem Schritt wird ein mit der Anthroposophie verbundenes Ideal umgesetzt, das darin besteht, dass Grund und Boden den Warencharakter verliert und fortan nicht mehr Gegenstand der Spekulation sein kann. Auch darin zeigen sich die besonderen Grundlagen einer konsequent biologisch-dynamisch verstandenen Ökonomie.

Alles muss zusammenpassen

Der ökonomische Bereich wird auf biologisch-dynamisch ausgerichteten Betrieben immer auch ökologisch verstanden. So auch auf dem Gärtnerhof Röllingsen. Einen Ausdruck findet das in der Landschaftspflege, die sich beispielsweise auf Hecken, Feuchtbiotope und Blühstreifen bezieht. Die Vielfalt ermöglicht unterschiedlichste Lebensräume, die alle zum Betriebsorganismus dazugehören. Dieses Verständnis begründet einen bewussten Verzicht auf weiteres Wachstum. „Wir gestalten den Hof so, dass wir nicht immer weiter wachsen wollen", sagt Burkhard Tillmanns. „Das hängt sehr mit dem Betriebsorganismus zusammen. Wenn ich an irgendeiner Stelle etwas verändere, wirkt sich das auf alle anderen Bereiche auch aus. Das muss man beachten. Es muss alles zusammenpassen. Für uns war das schon immer sehr wichtig. Das bekommen die Kund:innen mit, weil wir sie immer wieder darüber informieren." Es gibt Hofbriefe und Begehungen, die drei bis viermal im Jahr stattfinden. Am sommerlichen Hoffest nehmen im Laufe eines Tages bis zu 500 Menschen teil. Dazu kommen Führungen, die von außerhalb angefragt werden, ebenso Besuche von Schulklassen. Der Gärtnerhof leistet auf diese Weise eine wichtige Bildungsarbeit in Sachen Ökologie!

Kai Himstedt erklärt: „Bei den Hofführungen sprechen wir über das gesunde Pflanzenwachstum und die Bedingungen die dafür nötig sind. So muss der Umfang der Kleegrasflächen zum einen als Futtergrundlage zum Tierbestand passen und zum anderen der Bodenerholung dienen. Die Anzahl der Tiere als Mist- bzw. Düngerspender sollen wiederum zum Umfang des angebauten Gemüses passen. Daran lässt sich der Hofkreislauf ganz gut beschreiben. Aus gesundem Boden geht gut schmeckendes Gemüse hervor. Das alles leuchtet den Menschen ein.“ Und dann spricht der Gärtner vom Unterschied zwischen einer langsam wachsenden und einer quasi über Düngesalze zwangsernährten Pflanze. Tillmanns ergänzt, indem er davon erzählt, wie er Kund:innen schlicht danach fragt, wie eine Möhre schmeckt. „Über so eine Frage kommt man darauf, was Geschmack überhaupt ist. Kann man das überhaupt definieren?“

Der qualitativ hochwertige Anbau beginnt mit der Auswahl des Saatguts. Auf dem Gärtnerhof werden nach Möglichkeit samenfeste Sorten verwendet. Diese bringen eine gewisse Offenheit für die spezifischen Bedingungen an einem Standort mit und ermöglichen dadurch zum Beispiel einen individuellen Geschmack. Neben dem Gemüseanbau wird auf dem Gärtnerhof auch Saatgut erzeugt. Das geschieht in Zusammenarbeit mit der „Bingenheimer Saatgut AG“. In jüngster Vergangenheit wurden auf dem Gärtnerhof Weißkohl, Sellerie, Pak Choi sowie die eigene Möhre als Hofsorte „Röllingser Rübe“ vermehrt.

Der unverwechselbare Betriebsorganismus

Burkhard Tillmanns, der auf dem Hof aufgewachsen ist und in den 1990er-Jahren die Umstellung auf die Biologisch-Dynamische Wirtschaftsweise impulsierte, legt Wert darauf, dass der Hof einen schönen Eindruck macht. Mit diesem Prädikat wird erfasst, wie alles zusammenwirkt und -stimmt. „Der Hof soll ein lebenswerter Ort sein, an dem man sich wohl fühlt“, sagt er, und wenn man sich umsieht wird man schnell feststellen, dass der Hofgemeinschaft die Umsetzung dieses Ideals gut gelungen ist.

Auf der Website erfährt man wie weit die Aufmerksamkeit und der Anspruch reichen: „Wir sehen es als unsere Aufgabe an, dem Boden, der Pflanze und dem Tier mit Respekt zu begegnen und alle die Natur bestimmenden Kräfte anzuerkennen und sie mit in unsere Arbeit einzubeziehen. Das heißt, nicht nur die Kräfte und Wirkungen der Erde, sondern auch die des Kosmos (Planeten, Sterne und ihr Konstellationen) zu respektieren und z. B. durch die Anwendung der biologisch-dynamischen Präparate zu nutzen."

Tatsächlich beruht das Schöne am Biologisch-Dynamischen auf eben dieser Vielfalt, die das Große und Ganze der Natur erscheinen lässt. Auf dem Gärtnerhof in Röllingsen hat man daraus einen eigenen Stil entwickelt und einen unverwechselbaren Betriebsorganismus geschaffen. Aber endgültig festgeschrieben ist trotzdem nichts. „Mit jedem Menschen kommt etwas Neues. Dadurch ist alles im Strom", resümiert Kai Himstedt und bringt auf den Punkt, was in den Jahrzehnten vorher auch durch Burkhard Tillmanns so vertreten worden ist.

Jungpflanzenanzucht Gärtnerhof Röllingsen

4.4 „Verbandsware ist immer das Beste"

Bio-Rhein-Maas Großhandel

In Schwalmtal, einer kleinen Gemeinde im Kreis Viersen, lebt Jan-Paul van Leendert mit seiner Familie. Das idyllisch zwischen Feldern gelegene, alte Bauernhaus ist von einem großen Garten und hohen Bäumen umgeben. Wenn es ihm seine Zeit erlaubt, werkelt der Unternehmer an Haus und Hof. Dabei kann er sich vom Tagesgeschäft erholen. Das Haus ist teilweise neu mit alten Steinen liebevoll verklinkert und hat erst kürzlich ein neues Dach bekommen. Von den Renovierungsarbeiten erledigt van Leendert – er ist gelernter Schreiner – möglichst viel selbst. Aber meistens ist er in seiner Firma, dem „Bio-Rhein-Maas" Großhandel, eingespannt. Auch dort ist er ganz in seinem Element. Bio begeistert ihn, damit ist er aufgewachsen.

Wie es anfing

Die Geschichte der Firma führt in die 1970er-Jahre zurück. Alles begann damit, dass eine Gruppe junger Leute sich für Biolebensmittel interessierte. „Umweltschutz" wurde damals zu einem politischen Thema, und ökologisches Engagement begann mit gesunder Ernährung. Ein neues Denken, das Natur respektiert und darum einen anderen Umgang mit den natürlichen Lebensgrundlagen fordert, breitete sich aus. Aber es war schwierig, die gewünschten und bevorzugten Biolebensmittel überhaupt zu bekommen. Bioläden gab es seinerzeit erst ganz wenige – und wenn, fand man sie eher in den Großstädten Süddeutschlands.

In Krefeld fanden sich damals ein paar Menschen – unter ihnen

Waltraud und Peter van Leendert, die Eltern von Jan-Paul – zusammen, die einen gemeinsamen Einkauf organisierten und einen kleinen Laden für Mitglieder eröffneten. Das Projekt, das mit viel Freizeit und der gehörigen Portion Begeisterung betrieben wurde, begann zu wachsen. Irgendwann waren es über einhundert Mitglieder, die sich und ihre Familien aus dem kleinen Laden versorgten. Zusätzlich lieferte man einem Bäcker das Getreide, aus dem er für die Gemeinschaft jede Woche 100 Brote buk.

Die Idee zog Kreise. Nach und nach entstanden am Niederrhein neue landwirtschaftliche und handelstechnische Strukturen. Hier und da wurden weitere kleine Bioläden eröffnet. Alles entwickelte sich und wuchs. Die Krefelder Einkaufsgemeinschaft entdeckte damals das Potenzial für einen Großhandel, der die neu entstandenen Läden beliefern könnte. Die Kontakte für so eine Unternehmensgründung hatten sie ja schon, und das nötige Know how – da war man sich sicher – würde man sich im laufenden Betrieb schon erwerben. So ging aus dem kleinen Mitgliederladen die „Kornkraft e. G." hervor. Die van Leenderts gehörten dazu – und Jan-Paul erblickte in dieser Zeit das Licht der Welt. In der Genossenschaft wirkten Verbraucher, Händler und Produzenten zusammen.

Regionale Vermarktung frischer Lebensmittel

Peter van Leendert, der einen eigenen, kleinen Biobetrieb unterhielt, hatte sich nach seinem Lehramtsstudium darauf verlegt, über einen eigenen Marktstand eigene und von anderen erzeugte Bio-Produkte zu verkaufen. „Mein Vater fuhr damals immer donnerstags den ganzen Tag lang verschiedene Höfe ab", erzählt Jan-Paul. „Dann konnte er am nächsten Tag auf den Markt fahren. Bei seiner Rundtour traf er immer die gleichen Leute, die auch ihre Waren holten. Da hatte er eines Tages die Idee: Die Bauern sollten sich um den Anbau kümmern, die Ladner um den Verkauf. Und er wollte die Vermarktung organisieren und übernehmen. So entstand der Großhandel, der im Laufe der Jahre immer weiter wuchs."

In der ersten Zeit machten sie die Verteilung der Ware auf dem Vorplatz der Kornkraft. Auf einem DIN A4 Blatt waren die Erzeugerbetriebe und die Kunden in ein Raster eingetragen, nach dem die Ware kommissioniert wurde. Schließlich kamen auf einem landwirtschaftlichen Betrieb in Kaarst und in einer Maschinenhalle in Straelen die ersten Kühlräume hinzu. Ein paar Jahre waren diese Kapazitäten ausreichend, bis das Unternehmen an seinen heutigen Standort in Kerken verlegt wurde.

Jan-Paul van Leendert besuchte damals die Waldorfschule in Krefeld, an der es einige Elternhäuser gab, die zum Kundenkreis der Kornkraft gehörten. In der ökologischen Grundeinstellung war man sich einig und pflegte Freundschaften, aus denen manche gemeinsame Unternehmung hervorging. Jan-Paul fand auf diese Weise damals Anschluss an eine Gruppe Jugendlicher, die ein humanitäres Hilfsprojekt für Tschernobyl-Kinder betrieb. Zweimal fuhr er mit der „Steinschleuder" in die Ukraine, um an Baucamps teilzunehmen.

Zum Handwerk fühlte er sich auch nach dem Ende der Schulzeit hingezogen, als er sich für eine Ausbildung zum Schreiner entschloss. In diesem Beruf hat er danach sieben Jahre gearbeitet, bis die Firma seines Arbeitgebers in eine Krise geriet und Kurzarbeit anmelden musste. Für Jan-Paul van Leendert war das der Moment für grundsätzliche Überlegungen und Entscheidungen. Und so kam es, dass er auf dem Krefelder Wochenmarkt einen Marktstand übernahm. „Durch Zufall bekam ich dieselbe Standfläche, die mein Vater früher gehabt und dann an einen Nachfolger abgegeben hatte", sagt er und erinnert sich, wie sich nun ein neues, wachsendes Tätigkeitsfeld für ihn auftat. Schließlich war er jede Woche auf vier Märkten vertreten. Überdies hatte er einen Lieferdienst aufgebaut, über den er 140 Kund:innen mit frischen Biolebensmitteln versorgte. Die Abokisten bestückte er mit Produkten aus dem Anbau auf seinem eigenen Biohof und dem Großhandel des Vaters.

Generationenwechsel

Peter van Leendert nahm mit Freude wahr, was sein Sohn in zehn Jahren aufgebaut hatte. So lag es nah, den Sohn als Nachfolger in das eigene Unternehmen zu holen. 2014 war es soweit. „Ich bin dann da reingewachsen, habe in den Jahren vorher immer mal mitgearbeitet und kannte die Strukturen", erinnert sich Jan-Paul. „Die Übergabe lief gut, obwohl wir manchmal auch aneinander geraten sind. Meine eigenen Ideen waren für meinen Vater auch mal nicht leicht zu akzeptieren." Seit dem endgültigen Wechsel in der Geschäftsführung im Jahr 2019 ist der Betrieb stetig weiter gewachsen. Heute gibt es 18 Mitarbeiter:innen, die fast einhundert Bio- und Hofläden, Bio-Märkte und Direktvermarkter in der Region mit Obst, Gemüse, Eiern, Käse und Milchprodukten von über 70 Erzeugern versorgen. „Fast alles ist Verbandsware von Bioland, Demeter oder Naturland", sagt van Leendert. Die regionalen Kontakte in diesem großen Verbund sind das Ergebnis der langjährigen, sorgfältigen Arbeit des Vaters, dessen Qualitätsanspruch – „Verbandsware ist immer das Beste" – der Sohn teilt.

In der Anfangszeit belieferte der Großhandel nur die Hofläden der Erzeugerbetriebe, aber dann kamen Anfragen von Bioläden dazu. Die gute Qualität der Produkte und die Vermarktung zu fairen Preisen hatten sich schnell herumgesprochen. Das Frische-Vollsortiment wird heutzutage zu etwa 20 Prozent mit Importware ergänzt: „Beispielsweise beziehen wir Produkte von einer sizilianischen Demeter-zertifizierten Landbaukooperative, andere vom italienischen Festland, aus Spanien, Frankreich, Israel und in seltenen Fällen aus Übersee – jedoch nur Schiffsware."

In erster Linie ist der regionale Naturkostfachhandel Kunde von „Bio-Rhein-Maas". Dorthin werden 95 Prozent der Erzeugnisse der großen Gemüsebaubetriebe und kleinen Bio-Nebenerwerbshöfe geliefert, für die der Großhandel tätig ist. Die von Inhaber:innen geführten Geschäfte entsprechen am ehesten der eigenen Firmenphilosophie, die eng mit den Prinzipien der Bioverbände verbunden ist. Herausragend sind für van Leendert Demeter und Bioland. „Wenn ich heute umstellen würde, würde ich zu Demeter gehen. Das ist einfach die stärkste Marke. Demeter und Bioland sind ja reine Biobetriebe, während Naturland auch Gemischtbetriebe zulässt." Aber der Fachhandel hat es nicht leicht. Biosupermärkte und Discounter gibt es immer mehr, hinzu kommt aktuell, dass die Kund:innen angesichts der allgemein angespannten Lage häufig an den Ausgaben für Lebensmitteln sparen. Manche wechseln kurzfristig sogar zu konventionell erzeugten Nahrungsmitteln.

Für die Zukunft erwartet van Leendert dennoch ein weiteres Marktwachstum für Biolebensmittel, gibt aber zu Bedenken, dass sich der Umsatz zunehmend auf die Filialen großer Ketten verlagern könnte. Eine Ausnahme bilden die Hofläden: „Die sind etwas anderes, die haben eine Sonderrolle, denn der Einkauf auf dem Bauernhof ist ein Erlebnis, das die Kunden auch in Zukunft suchen werden." Und für die Vermarktung über große Handelsketten gilt auch in der Biobranche, dass irgendwann große Mengen über zu niedrige Preise gefordert werden. „Dann", so van Leendert, „erzeugt ein Betrieb zwar sehr viel mehr, kann aber seine Kosten kaum noch decken."

ANHANG

Lösungen zu den Übungsaufgaben

Übungsaufgaben zu den Kapitel 1.1 bis 1.4

1. Was sind phänologische Jahreszeiten, und wie viele unterscheidet man?

> *Der Phänologie zufolge kann das Werden und Vergehen der Natur in einem eigenen Kalender zusammengefasst werden, in dem es zehn aufeinander folgende Jahreszeiten gibt.*

2. Was sagte Rudolf Steiner zur Wirkung der Jahresfeste in früheren Zeiten?

> *Was in den jahreszeitlichen Festen und Feiern vollzogen wurde, strömte in den Kosmos und von dort wieder zum Menschen zurück. Daran erlebte der Mensch die Kraft seines Ich und das Wirken geistiger Wesen in den Wandlungsvorgängen in der Natur.*

3. Was kann man als „Alchimie" der biologisch-dynamischen Landwirtschaft verstehen?

> *Die Herstellung der Präparate, wofür die Lebens- und Atmungsprozesse der Erde, also jene Bedingungen zu beachten sind, unter denen der Weltenraum auf das Irdische wirken kann. Dafür können genaue Zeitpunkte bestimmt werden.*

4. Welchen naturphilosophischen, der Anthroposophie sehr ähnlichen Ansatz verfolgte Friedrich Schelling?

> *Er verfolgte im Gegensatz zum Mainstream einen ganzheitlich-interdisziplinären Ansatz, in dem er verschiedene Wissenschaften mit-*

einander verknüpfte. Dass in der Natur alles als miteinander verbunden, und darum eben ganzheitlich erfasst werden kann, entspricht voll und ganz der Anthroposophie, derzufolge das Schöpferisch-Göttliche in der natürlichen Welt direkt erlebt werden kann.

5. In der biologisch-dynamischen Landwirtschaft wird der Erdboden als Organ verstanden. Wie wirken die Jahreszeiten auf den Erdboden, und was wird diesbezüglich durch die Präparate bewirkt?

> *Es geht darum, die Lebensprozesse und die feinen, homöopathisch ausgebildeten Substanzen aus dem Gesamtorganismus der Natur in den Erdboden hinein zu ziehen. Dieser Prozess der Durchdringung der Erde mit kosmischen Kräften ist jahreszeitlich verschieden ausgeprägt und erweitert die ökologische Dimension.*

Übungsaufgabe zum Thema „Atem der Erde"

> *Das „Allerwichtigste" besteht darin, jene Bedingungen zu beachten, unter denen der Weltenraum auf das Irdische wirken kann. Das Leben des Bodens, der ein Organ im Organismus der Erde ist, ist den Jahreszeiten folgend sehr unterschiedlich. Form und Substanz werden in der Natur durch einen Wachstumsprozess zusammengebracht. Im Winter entspricht das einer Systole (Zusammenziehung) und im Sommer einer Diastole (Weitung). Der Winter ist die Wachphase der Erde und der Frühling bringt die Auflösung der Verfestigungs- und Kristallisationskräfte des Winters. Im Winter trägt die Erde alles in sich, was in der Sommerzeit entfaltet war, um es vom Kosmos anregen zu lassen. In dieser Winterzeit kann sich der Mensch am leichtesten von der Erdnähe emanzipieren und in den Einfluss des fernsten Kosmischen in der Erde hinein kommen.*

Übungsaufgaben zu den Kapitel 2.1 bis 2.4

1. In der biologisch-dynamischen Landwirtschaft geht es um Komplemente, also um Ergänzungen der landwirtschaftlichen Praxis. Wie lässt sich das bezüglich der Düngung erläutern?

> *Bezüglich der Düngung geht um zweierlei, nämlich darum auszugleichen, was durch fortgesetztes Wirtschaften verarmt wurde und zum anderen darum, die Pflanzen dazu zu befähigen, die im Boden enthaltenen Wirkungen aufnehmen zu können. Pflanzen werden darin gestärkt, den gewünschten Ausgleich selbst bewirken zu können.*

2. Was versteht Rudolf Steiner als „instinktive Agrikulturweisheit"?

> *Das landwirtschaftliche Handeln kann auch heutzutage auf Intuitionen beruhen, die aus den eigenen vertieften Erfahrungen und den daraus hervorgehenden inneren Erlebnissen hervorgehen. Der landwirtschaftliche Organismus spricht in gewisser Weise von sich selbst. Mit der entsprechenden Aufmerksamkeit verbindet sich zugleich die Erfahrung der Evidenz.*

3. Wie erklärt Rudolf Steiner den Unterschied zwischen „lebendigen" und „substantiellen" Kräften?

> *Ein an Substanzen reicher Boden wird den Pflanzen nur dann nützen, wenn sie durch die lebendigen Kräfte der Düngung dazu befähigt werden, die Wirkungen aus dem Boden in den eigenen Leib aufzunehmen. So wirkt Irdisches und Kosmisches zusammen.*

4. Was wird im Landwirtschaftlichen Kurs zum Verhältnis der „Agrikulturweisheit" zur Wissenschaft gesagt?

> *Die Agrikulturweisheit ist eine Ergänzung, kein Ersatz der Wissenschaft. Sie beruht auf dem Bewusstsein des in der Landwirtschaft tätigen Menschen und auf den vor Ort infrage kommenden Bedingungen und Notwendigkeiten. Was sich so ergibt, ist vom einzelnen Menschen abhängig und ortsspezifisch. Es lässt sich darum – anders*

als die naturwissenschaftlichen Erkenntnisse – auch nur bedingt verallgemeinern.

5. Im Gegensatz zum konventionellen Verständnis geht es in der biologisch-dynamischen Landwirtschaft um so genannte „naturintime Wechselwirkungen". Was ist damit gemeint?

> *Es ist ein ganzheitliches, systemisches Verständnis, das allem zugrunde gelegt wird. Mineralien, Pflanzen, Tiere stehen zueinander in Wechselwirkungen. In Betracht kommen dafür nicht allein die Nutzpflanzen und -tiere, sondern die ganze Vielfalt der Natur.*

Übungsaufgaben zu Kapitel 2.2

Die so genannte „instinktive Agrikulturweisheit" beruht auf dem Vertrauen in die eigenen inneren Erlebnisse. Das daraus hervorgehende Wissen wird also nicht nur auf physisch-sinnliche Art erworben.

> *WAHR: Erfahrungen und innere Erlebnisse | auf eine geistige Art*

Die Erde wird durch Mond- und Wasserwirkungen daran gehindert, Pflanzliches aus sich hervorzubringen. Krankheiten entstehen, wenn sich der astralische Leib vom physischen Leib löst.

> *FALSCH: Pflanzliches aus sich heraus hervorzubringen | stärker in den physischen Leib hineindrängt*

Übungsaufgaben zu den Kapitel 3.1 bis 3.3

1. Worin bestand die Unstimmigkeit zwischen Carl Graf von Keyserlingk und Ernst Stegemann, die am 8. Juni zutage trat?

> *Stegemann berichtete mehr theoretisch von seinen Versuchen und Erfahrungen, während Keyserlingk einen praxisorientierten „Versuchsring" schaffen wollte.*

2. Welches waren die drei Etappen im Werden der biologisch-dynamischen Bewegung, und mit welchem Ereignis begann die dritte Etappe?
> *Zwischen 1920 und 1924 standen einzelne Menschen und informelle Gruppen mit Rudolf Steiner in einem Austausch zu landwirtschaftlichen Fragen. Die zweite Etappe ist der* Landwirtschaftliche Kurs. *Die dritte Etappe begann, als am 9. Juni 1924 die Resolution beschlossen wurde, der zufolge der Landwirtschaftliche Versuchsring und die Arbeitsgruppe eingerichtet werden sollten.*

3. Was verstand man früher unter dem Begriff „Alchimie"?
> *In früheren Zeiten ging man noch konsequent davon aus, dass die Eigenschaften von Stoffen und ihre Reaktionen als Lebensäußerungen der Materie zu verstehen sind. Erde, Wasser, Luft und Feuer galten als Urelemente, die gegensätzlichen Prinzipien (warm – kalt, trocken – feucht, usw.) folgend existierten. Von einzelnen Stoffen bis hin zur ganzen Natur konstatierte man einen Zusammenhang und eine Ordnung, was als „geistig" verstanden wurde.*

4. Alle Eingriffe in die Natur müssen verantwortlich erfolgen. Was gilt es in diesem Zusammenhang zu beachten?
> *Alles soll so geschehen, dass eine neue Fruchtbarkeit hervorgebracht werden kann. Es gilt verschiedene Ebenen zu unterscheiden. Fängt und tötet man beispielsweise einen ausgewachsenen Fisch, schafft man Unordnung in der Natur, während man durch das Abschöpfen vom Laich einen noch unvollendeten Entwicklungsprozess unterbricht.*

5. Wie entwickelt sich aus dem früheren, instinktiven Verhalten jene geistige Einsicht, auf die es im Sinne der Anthroposophie ankommt?
> *Man versteht ein Lebewesen, indem man über die vermeintliche Begrenzung hinaus weite Zusammenhänge in den Blick nimmt und*

erfasst, unter welchen Bedingungen der Weltenraum mit seinen Kräften auf das Irdische wirken kann. Es ist ein ganzheitliches Erfahren der Natur und der Lebenszusammenhänge, das erleben lässt, wie sehr wir Menschen mit unserer Umgebung verbunden sind.

Übungsaufgabe zum Kapitel 3.3

Ökonomie: In allen Vorgängen ein ausgewogenes Verhältnis zwischen Effizienz und Resilienz suchen. Darauf beruht die Bedeutung der „landwirtschaftlichen Individualität“ und des „geschlossenen Kreislaufs“ für den „Homöostase“ genannten Idealzustand. Ein Wachstum über den natürlich gegebenen Umfang von Kapital und Vermögen hinaus, ist niemals nachhaltig.

Ökologie: Die auskömmliche Versorgung der Organe und Organsysteme sicherstellen. In der Medizin spricht man diesbezüglich von „Suffizienz“. In weitreichenden Zusammenhängen, ist alles mit allem verbunden. Jede Pflanzenart und jedes Pflanzenwesen wird im systemischen Zusammenhang gesehen.

Ökosophie: Alle Lebewesen werden in ihrer biosphärischen Gleichheit anerkannt. Der Mensch soll seine besonderen Begabungen und Fähigkeiten zum Wohl der Natur einsetzen, indem er vollendet, was noch nicht vollendet ist. Große Zusammenhänge lassen den Geist verstehen, was durch eine „instinktive Agrikulturweisheit“ erfasst werden kann.

Anmerkungen, Nachweis der Zitate

1. Simmer, Clemens: *Warum vier Jahreszeiten? Die klimatologische Perspektive*, in: Greub, Thierry et al.: *Das Bild der Jahreszeiten im Wandel der Kulturen und Zeiten*, München 2013, S. 51
2. Baravalle, Hermann von: *Die Erscheinungen am Sternenhimmel*, Stuttgart 1962, S. 76 f.
3. Quack, Joachim Friedrich: *Zeit, Krise und Bewältigung: Ägyptische Zeiteinheiten, ihre Schutzgötter und deren bildliche Umsetzung*, in: Greub, Thierry et al.: *Das Bild der Jahreszeiten im Wandel der Kulturen und Zeiten*, München 2013, S. 74
4. Simmer, Clemens: *Warum vier Jahreszeiten? Die klimatologische Perspektive*, in: Greub, Thierry et al.: *Das Bild der Jahreszeiten im Wandel der Kulturen und Zeiten*, München 2013, S. 53
5. Wulf, Andrea: *Fabelhafte Rebellen – Die frühen Romantiker und die Erfindung des Ich*, München 2022, S. 275
6. Steiner, Rudolf: *Der Jahreskreislauf als Atmungsvorgang der Erde*, Dornach 1976, S. 28
7. Steiner, Rudolf: *Christus und die menschliche Seele*, Dornach 1994, S. 16
8. Steiner, Rudolf: *Der Jahreskreislauf als Atmungsvorgang der Erde*, Dornach 1976, S. 12
9. Steiner, Rudolf: *Die Sendung Michaels*, Dornach 1994, S. 109 f.
10. Steiner, Rudolf: *Christus und die menschliche Seele*, Dornach 1994, S. 19
11. ebd., S. 17
12. Steiner, Rudolf: *Das Miterleben des Jahreslaufes in vier kosmischen Imaginationen*, Dornach 1976, S. 12 f.
13. Steiner, Rudolf: *Wahrspruchworte*, Dornach 1998, S. 20
14. ebd., S. 20
15. Steiner, Rudolf: *Die Wochensprüche des anthroposophischen Seelenkalenders im Doppelstrom der Zeit beider Hemisphären*, Dornach 2000
16. Steiner, Rudolf: *Der Jahreskreislauf als Atmungsvorgang der Erde*, Dornach 1976, S. 47
17. ebd., S. 27
18. ebd., S. 62 f.
19. ebd., S. 65

20. ebd., S. 13
21. Steiner, Rudolf: *Das Miterleben des Jahreslaufes in vier kosmischen Imaginationen*, Dornach 1976
22. ebd., S. 12 f.
23. Steiner, Rudolf: *Der Jahreskreislauf als Atmungsvorgang der Erde*, Dornach 1976, S. 82
24. Steiner, Rudolf: *Die Apokalypse des Johannes*, Dornach 1985, S. 29 f.
25. Steiner, Rudolf: *Bausteine zu einer Erkenntnis des Mysteriums von Golgatha*, Dornach 1996, S. 122 f.
26. Steiner, Rudolf: *Der irdische und der kosmische Mensch*, Dornach 1989, S. 59 f.
27. Steiner, Rudolf: *Natur- und Geistwesen – ihr Wirken in unserer sichtbaren Welt*, Dornach 1996, S. 126 f.
28. Schroeder, Hans-Werner: *Das Evangelium im Jahreslauf*, Stuttgart 1988, S. 35
29. Steiner, Rudolf: *Der Jahreskreislauf als Atmungsvorgang der Erde*, Dornach 1976, S. 69
30. Pfeiffer, Ehrenfried: *Heart Lectures*, Threefold-Farm, Spring Valley, 1951, S. 3 f.
31. ebd., S. 13
32. Benesch, Friedrich: *Leben mit der Erde*, Stuttgart 1993, S. 125
33. ebd., S. 117 f.
34. ebd., S. 118
35. Steiner, Rudolf: *Christus und die menschliche Seele*, Dornach 1994, S. 18
36. Steiner, Rudolf: *Das Miterleben des Jahreslaufes in vier kosmischen Imaginationen*, Dornach 1976, S. 23 f.
37. Steiner, Rudolf: *Der Jahreskreislauf als Atmungsvorgang der Erde*, Dornach 1976, S. 28 f.
38. ebd., S. 39
39. „Strahlung“, „strahlend“ (Auswahl): 1,29; 2,15; 3,47; 4,29; F1,4; F2,27
40. eine Übersicht zu verschiedenen Referenzen findet sich im Internet zum Beispiel hier: https://eatmore.uni-hohenheim.de/untersuchungsmetoden_kupferchlorid-kristallisation (zuletzt abgerufen am 18.11.2022)
41. Instinkt, instinktive Agrikulturweisheit (Auswahl): 1,11; 2,37; 3,35; 3,41; 3,45; 4,1
42. https://www.pflanzenforschung.de/de/pflanzenwissen/journal/lauschangriff-erwuenscht-schadinsekten-foerdern-eine-oe-11105 (zuletzt abgerufen am 01.12.2022)
43. https://www.pflanzenforschung.de/de/pflanzenwissen/journal/lauschangriff-erwuenscht-schadinsekten-foerdern-eine-oe-11105 (zuletzt abgerufen am 01.12.2022)
44. „Botengänger zwischen Darm und Gehirn“: https://www.tum.de/aktuelles (zuletzt abgerufen am 13.12.2022)
45. https://www.mdr.de/wissen/ist-der-darm-unser-zweithirn-100.html (zuletzt abgerufen am 13.12.2022)

46. https://www.dasgehirn.info/grundlagen/evolution/die-evolution-des-menschlichen-gehirns?gclid=Cj0KCQiAyracBhDoARIsACGFcS7VhkRTbqMHROPq-lqKZFrlee8VZJPLQrw7ATu26gvnjXhR7kY8VMkaAujJEALw_wcBbbb (zuletzt abgerufen am 13.12.2022)
47. Steiner, Rudolf: *Christus und die menschliche Seele*, Dornach 1994, S. 17
48. Keyserlingk, Adalbert Graf von: *Koberwitz 1924*, Stuttgart 1974, S. 58 f.
49. ebd., S. 57
50. Steiner, Rudolf: *Landwirtschaftlicher Kurs*, Basel 2022, S. 233
51. Keyserlingk, Adalbert Graf von: *Koberwitz 1924*, Stuttgart 1974, S. 61
52. ebd., S. 46 ff.
53. ebd., S. 84
54. ebd., S. 91
55. Steiner, Rudolf: *Landwirtschaftlicher Kurs*, Basel 2022, S. 219
56. ebd., S. 220
57. ebd., S. 220
58. Beiträge aus dem Rudolf Steiner Archiv, Ausgabe Nr. 11, Dornach 2021, S. 63
59. Steiner, Rudolf: *Landwirtschaftlicher Kurs*, Basel 2022, S. 226
60. ebd., S. 230
61. ebd., S. 233
62. ebd., S. 234
63. Panikkar, Raimon: *Den Mönch in sich entdecken*, München 1989, S. 83

Literaturverzeichnis

Baravalle, Hermann von: *Die Erscheinungen am Sternenhimmel*, Stuttgart 1962

Beiträge aus dem Rudolf Steiner Archiv, Ausgabe Nr. 11, Dornach 2021

Benesch, Friedrich: *Beiträge zum Verständnis der biologisch-dynamischen Landwirtschaft, Band 1 bis 5*, Stuttgart o.J.

Benesch, Friedrich: *Leben mit der Erde*, Stuttgart 1993

Bockemühl, Jochen et al.: *Erscheinungsformen des Ätherischen*, Stuttgart 1977

Bosse, Dankmar: *Die Lebenssphäre der Erde*, Dornach 2012

Gädeke, Wolfgang et al.: *Anthroposophie und die Fortbildung der Religion*, Flensburg 1990

Greub, Thierry et al.: *Das Bild der Jahreszeiten im Wandel der Kulturen und Zeiten*, München 2013

Isler, Rudolf: *Beiträge zum Landwirtschaftlichen Kurs von Rudolf Steiner*, Uelzen 2019

Keyserlingk, Adalbert Graf von: *Erinnerungen an frühe Forschungsarbeiten*, Dürnau 1993

Keyserlingk, Adalbert Graf von: *Koberwitz 1924*, Stuttgart 1974

Kimmerer, Robin Wall: *Geflochtenes Süßgras*, Berlin 2021

Klingner, Annett: *Die Macht der Sterne*, Dissertation, Berlin 2017

Krause, Peter: *Anthroposophische Grundlagen der biologisch-dynamischen Landwirtschaft, Band 1: Einführung in die Anthroposophie*, Frankfurt 2022

Krause, Peter: *Anthroposophische Grundlagen der biologisch-dynamischen Landwirtschaft, Band 2: Landwirtschaftlicher Kurs (1)*, Frankfurt 2023

Panikkar, Raimon: *Den Mönch in sich entdecken*, München 1989

Pfeiffer, Ehrenfried: *Heart Lectures*, Threefold-Farm, Spring Valley, 1951

Pfeiffer, Martin W.: *Die Landwirtschaftliche Individualität – ein Bild des Menschen*, Borchen 1975

Schroeder, Hans-Werner: *Das Evangelium im Jahreslauf*, Stuttgart 1988

Selg, Peter: *Koberwitz, Pfingsten 1924*, Dornach 2009

Steiner, Rudolf: *Bausteine zu einer Erkenntnis des Mysteriums von Golgatha*, Dornach 1996

Steiner, Rudolf: *Christus und die menschliche Seele*, Dornach 1994

Steiner, Rudolf: *Das Miterleben des Jahreslaufes in vier kosmischen Imaginationen*, Dornach 1976

Steiner, Rudolf: *Der irdische und der kosmische Mensch*, Dornach 1989
Steiner, Rudolf: *Der Jahreslauf als Atmungsvorgang der Erde*, Dornach 1976
Steiner, Rudolf: *Die Apokalypse des Johannes*, Dornach 1985
Steiner, Rudolf: *Die Sendung Michaels*, Dornach 1994
Steiner, Rudolf: *Die Wochensprüche des anthroposophischen Seelenkalenders im Doppelstrom der Zeit beider Hemisphären*, Dornach 2000
Steiner, Rudolf: *Esoterische Betrachtungen karmischer Zusammenhänge, Band 5*, Dornach 1985
Steiner, Rudolf: *Landwirtschaftlicher Kurs*, Basel 2022
Steiner, Rudolf: *Menschengeschichte im Lichte der Geistesforschung*, Dornach 1983
Steiner, Rudolf: *Natur- und Geistwesen – ihr Wirken in unserer sichtbaren Welt*, Dornach 1996
Steiner, Rudolf: *Wahrspruchworte*, Dornach 1998
Todd, James et al.: *Widespread seasonal gene expression reveals annual differences in human immunity and physiology*, in: *Nature Communications*, Mai 2015, https://www.nature.com/articles/ncomms8000 (zuletzt abgerufen: 19.12.2022)
Wachsmuth, Guenther: *Erde und Mensch*, Dornach 1980
Wistinghausen, Almar von: *Wir haben es gewagt*, Frankfurt 2018
Wulf, Andrea: *Fabelhafte Rebellen – Die frühen Romantiker und die Erfindung des Ich*, München 2022

Nachweis der Bildquellen

- Biohof-Wachinger.de (Seiten 114, 116, 119)
- Roman Jäckel (Seite 122), Mel Bolag (Seite 125), Hof-Sackern.de (Seite 127)
- Archiv Gärtnerhof-Röllingsen.de (Seite 128, 131, 132, 135)

Stichwortverzeichnis (Band 1 bis 3)

Personenverzeichnis (Band 1 bis 3)

Der Autor

Peter Krause (*1957) studierte Kunst, Pädagogik, Theologie (1976–1980, 1988–1989) und Betriebswirtschaft (1997–1999). Heute arbeitet er als freier Journalist und Buchautor. Themenschwerpunkte sind Medizin, Ökonomie und das Schreiben von Biografien. Er ist autorisierter Biograf von Declan und Margrit Kennedy sowie von Bernard Lietaer. Er gehörte zu den Gründern der „Steinschleuder – Bewegung zur Bewegung" die als Initiative für Entwicklungszusammenarbeit zwischen 1992 und 2016 weltweit Projekte betreute.

Neben den beruflichen Interessen an ökologisch sinnvollen Wirtschafts- und Geldformen, interessiert Krause sich besonders für Formen sinnerfüllten Naturerlebens. Beides – eine vernünftige Ökonomie und die mitweltliche Ökologie – gehören für ihn zusammen.

Website: aktiv-zukunft-leben.de

Fachliche Beratung

Marcel Waldhausen (*1979) absolvierte zwischen 2001 und 2010 seine Ausbildungen zum Landwirt, Landmaschinenmechaniker und Maschinenbautechniker. Nach seiner Tätigkeit in verschiedenen Betrieben ist er seit 2019 Referent für Mitgliederbetreuung (Schwerpunkt Erzeugung) bei DEMETER im Westen. Daneben wirkt er als Autor von Fachaufsätzen, sowie als Dozent in Vorträgen und Workshops zu anthroposophischen Themen und zur biologisch-dynamischen Landwirtschaft, speziell zum Landwirtschaftlichen Kurs. Er ist zertifizierter Berater der „Biodynamic Federation – Demeter International“.

Webseite: demeter-im-westen.de

Der Fernkurs

Die weithin bekannte Demeter-Marke steht für hervorragende Qualität und Richtlinien, die aufgrund einhundertjähriger Praxis, Forschung und Erfahrung entwickelt und fortlaufend optimiert wurden. Viele Betriebe zur Erzeugung und Verarbeitung beliefern ausgewählte Handelspartner:innen im wachsenden Marktsegment für Bio-Lebensmittel. Aber was genau sind die Grundlagen der biologisch-dynamischen Wirtschaftsweise?

Unter den heutzutage bekannten verschiedenen Methoden der ökologischen Landwirtschaft ist die älteste die biologisch-dynamische. Von ihren vor einhundert Jahren im *Landwirtschaftlichen Kurs* vorgestellten Prinzipien finden sich mittlerweile viele in den Leitlinien verschiedener Bio-Verbände. Aber es gibt auch manches, was nach wie vor zum originellen Kernbestand gehört. So ist das zugrundeliegende Welt- und Menschenbild weiter gefasst, insofern kosmische Rhythmen in der landwirtschaftlichen Praxis berücksichtigt werden und die Rolle des Menschen im ganzheitlich verstandenen Zusammenhang der Natur besonders konnotiert wird. Auch solche Besonderheiten der biologisch-dynamischen Landwirtschaft beruhen auf ihren anthroposophischen Grundlagen.

Das vorliegende Buch erscheint als Band III der als Lernbücher konzipierten Reihe durch die diese Grundlagen ohne besondere Vorkenntnisse erarbeitet werden können. Zielgruppen sind Landwirte, Auszubildende, Student:innen, Verarbeiter:innen und Händler:innen, aber auch an interessierte Konsument:innen. Zusätzlich bilden die Bücher die Grundlage für ein Fernkursprogramm, das bei freier Zeiteinteilung ein systematisches, vertieftes Kennenlernen ermöglicht.

Die Studienunterlagen werden den Teilnehmenden nach der Anmeldung zum Kurs digital zur Verfügung gestellt. Die Inhalte werden danach im begleiteten Selbststudium bearbeitet. Dazu gehören auch Einsendeaufgaben, die von erfahrenen Tutor:innen durchgesehen und kommentiert werden, bevor in einem direkten, fernmündlichen Gespräch oder in Kolloquien die Gelegenheit zur ausführlichen Diskussion geboten wird. Die Bearbeitungszeit für das gesamte Kursprogramm liegt bei insgesamt etwa 60 Stunden, die über ein Jahr verteilt werden können.

Übersicht zum Fernkursprogramm

Beginn	Es kann jederzeit begonnen werden
Dauer	12 Monate bei etwa fünf Stunden pro Woche
Verlängerung	Bis zu sechs weitere Monate (ohne Aufpreis)
Verkürzung	Der Kurs kann auch schneller absolviert werden (zum gleichen Preis)
Teilnahme-voraussetzungen	Keine
Studienmaterial	Drei Lernbücher; sechs Studienhefte (mit ergänzenden Texten und Einsendeaufgaben)
Studienbegleitung	Persönliche:r Tutor:in
Seminare	Teilnahme an unregelmäßig stattfindenden Kolloquien und Online-Seminaren
Abschluss	Die erfolgreiche Teilnahme wird bescheinigt
Preise und weitere Informationen	Im Internet unter: biodyn-fernkurs.com

Band II zu dieser Reihe

Peter Krause
Anthroposophische Grundlagen
der biologisch-dynamischen Landwirtschaft
Band II: Der Landwirtschaftliche Kurs (1)
Herausgegeben von Demeter NRW
Info3 Verlag, Frankfurt am Main, März 2023
184 Seiten, Broschur, **€ 20,00**
ISBN 978-3-95779-182-5

In diesem zweiten von drei Bänden geht es zunächst um die ganzheitliche Sinneswahrnehmung, um das Wunder von Leben und Bewusstsein, und schließlich um die daraus abgeleiteten Grundlagen bäuerlichen Handelns. Zur Entstehungsgeschichte der biologisch-dynamischen Bewegung wird aufgezeigt, aus welchen drei Richtungen nach einer Erneuerung der Landwirtschaft gefragt wurde, bevor der Kurs in Koberwitz zustande kam. Ein Bildteil zum Schloss in Koberwitz und Einblicke in Praxisfelder runden die Darstellungen in diesem Band ab.

www.info3.de

Vom selben Autor

Peter Krause
Leben in der Todesnähe
Rudolf Steiners Darstellungen zu Sterbeprozess und Tod des Menschen im Zusammenhang mit den Erkenntnissen der Humanmedizin
(Schriftenreihe Kontext, Bd. 15)
1. Auflage 2019, 200 Seiten, Broschur, **€ 18,90**
ISBN 978-3-95779-100-9

Dieses Buch stellt die anthroposophische Sichtweise auf Sterben und Tod in den Kontext der neueren medizinischen Forschung. Auf eindringliche Weise konfrontieren sowohl spirituelle Sichtweisen wie auch nüchtern wissenschaftliche Fakten mit der Unausweichlichkeit und Realität des Todes. Dabei gelangt der Autor zu dem überraschenden Schluss, dass bereits Rudolf Steiner den Hirntod als Tod des Menschen aufgefasst habe – eine These, die als Ausgangspunkt einer Debatte und zur weiteren Schärfung der Frage gesehen werden will: Was ist der Mensch?

www.info3.de

Diese Publikation wurde dankenswerterweise unterstützt von der
Zukunftsstiftung Landwirtschaft in der GLS Treuhand e.V., Bochum,
der Mahle Stiftung GmbH, Stuttgart, sowie der Firma Voelkel GmbH, Höhbeck.

Herausgeber: Demeter NRW
Alfred-Herrhausen-Str. 44, 58455 Witten
Tel: 02302-91 52 18, info@demeter-nrw.de
www.demeter-nrw.de

Info3 Verlag
Kirchgartenstr. 1, 60439 Frankfurt
Tel. 069-58 46 47, vertrieb@info3.de
www.info3.de

INFO3 VERLAG